廣告設計叢書2

商業廣告印刷設計

新形象出版事業有限公司

陳穎彬

台灣省雲林縣人
輔仁大學應用美術系畢業

現任

教師及美術相關書籍寫作
並從事繪畫創作

著作

ＰＯＰ叢書(師大書苑)
英文字體造形設計(北星圖書公司)
最新兒童繪畫指導(北星圖書公司)
廣告印刷設計(北星圖書公司)
紅配綠畫童年(雄獅圖書公司)
著作共三十餘冊

序

　　國內廣告印刷設計業歷經數十年來，日新月異的進步，同時在國際化、民主化、自由化的趨勢之下，國內經濟與社會快速的變化，廣告印刷設計業扮演著重要的媒介，在各行各業的競爭下，不論是群體行象或產品本身特色，相繼的藉著媒體而競爭，影響所及，乃隨著科技進步及經濟成長使廣告印刷設計業在追求現代化、人性化、技術方面克服，國際性都有整體進步發展，無形中廣告印刷設計業對於各媒體的品質水準提升了不少。

　　廣告與印刷設計業應用範圍相當廣範，其中包含了教育、政治、經濟、社會等各方面，隨著社會多元化、各行各業的需求，所訴求的主題也涉及到輿情反映及社會變化的脈動，因此廣告印刷設計業的影響力確是日新月異的愈廣。

　　近年來國內廣告印刷設計業推陳出新，有鑑於此作者乃著手寫這本書，本書內容廣泛，包含了廣告、設計、包裝、插畫等四大種類，廣告設計部份對於歷史演進，及行銷方面，廣告媒體，廣告企劃及廣告公司的編制都有詳細介紹，包裝設計部份對於包裝的結構、色彩計劃、材料等都有詳細的介紹，插畫方面，包括了插畫的材料、插畫的技法等都也有詳細的介紹，印刷設計方面、印刷種類、套色、網點等有詳細介紹，對於商業設計相關科系學生不但在理論研究方面有全面概略瞭解，作者同時集合國內近百位的廣告精英及廣告公司提供作品，希望讀者在實務工作上有所助益。

　　本書經聯廣廣告公司楊惠雅小姐熱心提供資料及設計家楊宗魁及王士朝老師協助及提供作品的作者使本書順利出版，在此本書後面表示感謝。

　　本書作者在完成之時；感於過去曾經對作者鼓勵和關心協助；黃昆輝教授、黃光男教授、羅慧明教授、高強華教授、劉奇偉教授、王梅珍老師、顏伯勤教授、尹劍民老師、李健儀老師、林文昌老師、向明光老師、冉茂芹老師、李天森先生、蔡崇振先生、李賢文先生、陳英豪先生、戴明國先生、謝式穀先生、鄭武吉先生、廖蘇西姿女士、廖萬清先生、洪慶峰先生、王為銈先生、林伯先生、林仁德先生等尤其感謝尹劍民老師的鼓勵與協助在此致最高謝意，本書唯經長時竭智搜集研討；但難免有疏忽地方；並請先進同好不吝指正賜教

一九九三年五月一日　陳穎杉謹識

目錄

第一章
認識廣告

一 何謂廣告

廣告一詞原先是由拉丁文「Sdverture」而來,有「移轉」之意,到現在英文「Advertising 或 Advertisement」。具有告知,廣傳的意思。廣告定義至今沒有一定,原因是廣告會隨著時代,國家不同而對於其功能有所不同。

筆者歸納一些學者對廣告定義如下

(1)摩利亞蒂(Moriaty W. D)認為「廣告是獲得市場的一種手段」。

(2)畢學普(Bishop)則解釋為「廣告,乃是透過大眾傳播,公佈廣告主的商品及其業務;具有特殊作用的廣告或周知某一事變。」

(3)耐斯特姆(Paul H.Nystrom)對廣告解釋為「所謂廣告乃是對所有顧客,能毫無遺憾的獲得滿足。」

(4)泰勒(William D. Taylor)則認為「廣告成功,實在有賴於始終不懈及重覆實施;而很少依賴創作方面零星的靈光閃現。而成功的廣告,不但在技術上要完美表現,在戰略上也要有所系統的規劃。」

(5)李奧孛。李乃特(Mr Leo Barnett)則解釋為「廣告是一種多新變化的事業,絕不是一種靜態的,呆板的,需要現代的傳播事業,不斷變化中,發揮生機。應永遠將廣告看成是昨日才發明的新事業。」

(6)里查遜(Richardson)的定義認為「所謂廣告,乃對於可能購買廣告商品的消費者;以週知商品名稱及價格為目的,所做大眾傳播,通知商品的要點,使消費者銘記於懷。」

以上是廣告定義的歸納,初學者應注意幾個問題

(A)商品是否能引起消費者注意?

(B)消費者的購買動機為何?

(C)如何選擇傳達資訊媒體?

(D)消費者的定位問題?

總之現在的行銷過程中,工商愈是進步,愈是必需依賴廣告訊息,在經濟多元社會中,廣告定義不斷的在改變。

二 廣告歷史的演變

在中國最早就有「佈告」形式,這種形式在今日來說就是一種廣告形式,隨歷史潮流發展,廣告形式與舊時不可同日而語。大略可分為下列幾時期:

(一)招牌時期:在中國清朝以前,「扁額」是一般商店的主要招牌,其次是旗幟,這種形式成了中國最古老的廣告宣傳方式,無論是商店或小販,最常用的是「中國文字」的表現,這種文字表現演變至今成了「POP」海報的前身。

(二)國外與明清通商時期

中國自漢朝張騫通西域後,一直到明朝鄭和七次下西洋和國外的波斯、葡萄牙等歐州國家接觸通商,此時已顯示出廣告業已能深入一般民眾生活,在 1664 年,康熙時代,與荷蘭人訂立所謂的通商條約,此後商人漸漸的能利用戶外廣告達到宣傳目地。

(三)現代廣告代理業發展期

三四十年來廣告隨著經濟成長,正在

在進步發展中，尤其近年來成長更是迅速，廣告歷史大約可分爲三個主要成長階段

①業務制度階段：此一階段是廣告知識缺乏，廣告主本身亦爲設計師。

②小型廣告代理業

由於企業界已逐漸了解到廣告業重要性，因此廣告業有了雛形，廣告部門也就有了專門的設計師。

③現在廣告代理業發展時期

國內在未來六年經濟建設及過去各項建設中，都會使得廣告會業隨著經濟成長而日益茁壯，因此廣告業帶動經濟成長是可以預期的。此一時期有下列階段

①業務員制度階級（民國 34 年～民國 43 年）。

②廣告代理業創始期（民國 44 年～民國 50 年）。

③廣告代理業成長期（民國 51 年～民國 60 年）。

④廣告代理業茁壯期（民國 61 年～現在）。

三　廣告的功用

廣告是企業向大眾溝通的重要工具，尤其現代廣告，它能促成產品的大量行銷。許多企業也必須利用廣告；向消費者促銷產品；並且使企業擴充設備，大量生產以獲取更多利潤。

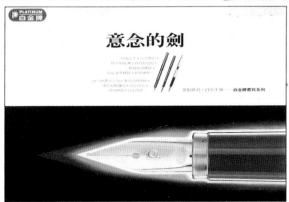

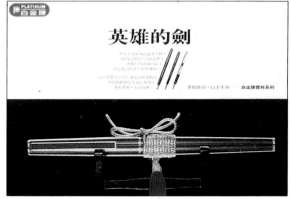

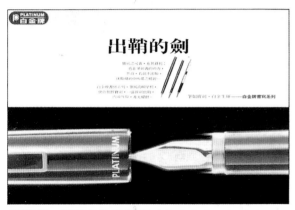

丁郁文：標題文字廣告顯示出廣告產品的特色

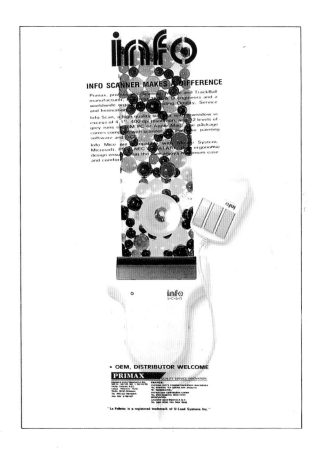

隨著時代進步，廣告發展與我們日常生活息息相關，因此廣告與舊時代人們的資訊封閉是不可與同日而語。

廣告兩字有「廣泛告知」的涵意，目地是使得企業透過廣告的訴求內容，告訴消費者購買訊息，同時也能使得市場供應量與需求量的增加，帶動整體國家經濟繁榮發展。

廣告有下列的功能

一、經濟成長功能

隨著科技發展，企業的生產技術日益進步，消費者對於產品供應量和需求量不斷上升，同時知識進步，促使消費者對品質的要求與改良相對增加，這種情形下，對於整體社會起了變化，也是促使整個經濟成長的因素。企業在產品競爭下，必須提昇產品品質，並且大量生產；這對於國家國民生活所得也有顯著進步作用。

廣告傳達消息促使經濟成長，廣告成了列屬經濟的一部份，它反應了國家經濟信念與理念，反應企業與消費者之間供需問題，影響了國家經濟運作。

同時企業需要廣告來提高企業形象，而購買者則需要廣告訊息，讓他們得知商品資訊。兩者之間借由廣告媒體如電視、雜誌、報紙為為橋樑，間接與直接促使消費者的認知和經濟成長有著密切關係。

廣告對經濟功能，美國席曼教授認為：「廣告不但是火星塞；也是潤滑油。火星塞是汽車發動引擎時，點燃火花所引起汽油燃燒導引；潤滑油是保持汽車機件正常運轉的用品」。兩者之間是市場廣告與市場行銷問題，其實都是經濟問題。就廣告對經濟的功能有下列幾點歸納：

①廣告加速經濟成長

廣告不但增加廠商的競爭力外，同時幫助廠商把產品推銷到市場上，消費者對於產品認知與購買也都必需藉廣告行銷知識來達到，目前國內在自由經濟體制下，廣告成為品牌創新的大功臣，廣告促使消費者購買欲望增加並誘使對商品需求量增加，使得企業更大量投資，促使廣告業加速經濟成長。

②廣告對消費者機能

經濟成長社會中，人們對於日常用品的需要種類日益增加，廣告成了人們所需要生活用品的原動力，尤其廣告創造了品牌形象，人們對於商品嗜好求變的心理已不斷在改變。因此在現在企業經營理念中，心理分析學，行銷學，市場學，大眾心理學等，都必須透過廣告傳播，進而促銷活動。消費者的需求也往往經由廣告創造，廣告對消費者購買觀念，也會有改變的作用，因為往往有創新品牌，廣告才能使消費者有取捨意念。

③廣告對工商企業的關係

　　廣告效果的好壞，對於工商企業形象傳達
具有影響力，同時幫助企業獲取更多利潤。利
如某一家食品公司，由於廣告策略應用得當，
使得該公司的產品銷售增加，進而大量的生產
，成本自然而然降低，這就是廣告策略運用成
功的結果。廣告可以維持企業及商品形象，保
障商品專利權，加強消費者對購買的認知，這
些都是廣告對企業的效用。

二、廣告與教育功能

　　人們每天從報紙、電視、雜誌等媒體當中
接觸到形形色色廣告，其實廣告漸漸在影響人
們生活品質。且不只是企業本身的商業行為，
同時對社會也產生了教育作用。

　　今天的廣告策略中，不只是企業或廣告業
設計人員與商品關係，往往國家政治政策或者
宗教宣導，也都直接間接發揮教育功能，廣告
對整個文化、教育、環境品質改善或多或少有
些間接作用。

　　消費選擇購買商品的同時，也藉由廣告內
含教育功能，告訴消費者性質及製造過程，這
直接間接都含有教育功能。

三、傳播功能

　　今日的傳播媒體十分發達，傳播功能效果
比起舊時代更是發達，傳播目的乃是廣告的企
業與購買者達到具有共同思想；進而讓購買者
達到購買目的；廣告本身對於傳播中引起消費
者與商品訊息的傳播功能外，仍然有其他傳播
功能，對於社會有影響。

四、廣告的社會功能

　　廣告除經濟與傳播功能外，廣告的社會功
能亦有影響，或從社會大環境而言，文化發展
，政治革新與宗教，社會都希望有著美好未來
。因此廣告從社會文化發展而言，廣告更與社
會風氣；生活品質與生活環境創造有很大關係
。例如廣告中各媒體廣告，無形中對人民食衣
住行有相當大影響，青少年的生活嗜好，服飾
價值觀均多少受到廣告影響。

　　廣告對社會功能分析有下列因素：

①廣告創造了新的人生觀，人不斷追求更
　好的生活水準更好的食衣住行，同時廣
　告已由物質觀念轉變為精神生活影響，
　無形之中受廣告媒體的影響，對自己的
　生活格調與生活價值觀有所改變。

②廣告可以改變社會結構，例如台灣近年
　來開放大陸探親，解嚴等政治改革，社
　會出現新氣象，廣告也隨著社會政策，
　而扮演著宣導政令角色，同時也影響著
　社會結構，建立人們新的生活觀。

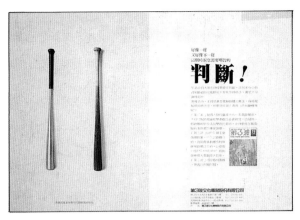

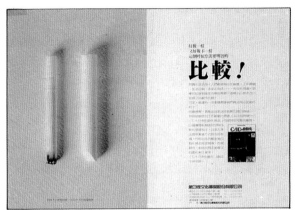

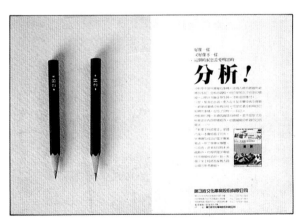

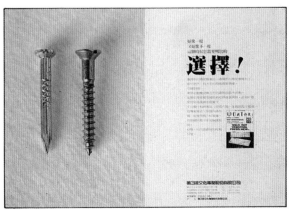

第二章
廣告的種類

廣告因訴求的對象不同,而有不同廣告類別;愈是經濟繁榮社會,廣告的類別愈是繁多而複雜。

一般而言,廣告事業可分為四大類

(1)廣告公司即廣告代理業。

(2)廣告主,即產品廠商。

(3)消費人。

(4)新聞媒體,即廣告媒體。

廣告的種類

一、建立品牌形象聲譽廣告

有些企業是為了讓消費者對該產品產生信心,進而打開知名度,所以建立聲譽廣告,尤其是在眾多產品競爭,如何藉廣告表現,突顯出品牌的形象,長期讓消費者增加印象,這都與產品的形象聲譽有關係,例如公司開業,新銀行設立等等的宣傳,都是此類廣告。

二、政令宣傳廣告

政令宣傳廣告,是政府宣導政令或公佈政府政策,或者宣告法令規章,使民眾能夠瞭解政令進而遵守。例如,政府宣佈解嚴令,宣佈人事調動令,這種政令宣告有賴廣告宣傳。

三、個人啟事或聲明廣告

每天報紙的廣告都可以看到尋人啟事公告,在今天社會中,社會問題繁多,廣告中也刊登不同的啟事或聲明均屬於此類。

四、印象企業廣告

一般可分為兩大類

①企業形象廣告:以西德拜耳企業有百年歷史,該企業廣告所強調的是悠久的歷史與品牌形象,讓消費者建立良好之印象。

②商品廣告:有些商品廣告訴求是創造企業印象,例如每天播出電視廣告,目的要讓消費者增加印象。

五、社會服務廣告

社會服務廣告又稱社會公益廣告。這類型廣告性質非以賺錢為目的,而目的是改善整個社會風氣。建立善良生活典範,或著藉以喚起對國家民族的大愛,例如「愛到最高點」廣告乃是把個人對國家愛發揮出來,進而愛整個社會,又如,救濟非洲難民,協助大陸水災重建家園,拒吸二手煙,騎車戴安全帽,不吸食毒品類。都是屬於這類廣告。

六、宗教宣傳廣告

目前台灣宗教信仰自由,任何宗教,宣揚教義同時,也勸人做善事,有些宗教利用廣告傳達訊息,傳達救世救人的宗教精神。

七、推銷商品廣告:

推銷商品廣告是一般媒體主要廣告項目之一,也就是行銷學策略的應用,行銷在策略應用上有幾個步驟:

(A)新產品上市的銷售廣告,目的在介紹新的產品讓大眾瞭解該商品的特性。

(B)商品競爭廣告:指已經上市很久商品,藉廣告促銷商品。

一　廣告商品分類

一、廣告主業種分類

所謂廣告主乃是指一般企業產品的老闆,廣告主也依其需要不同而廣告類繁多。廣告主目的是希望自己所生產產品能夠推銷給大眾。

一般廣告主則可分為(1)企業形象的廣告主(2)商業形象的廣告主。大抵仔細區分為:

金車飲料企業篇系列稿

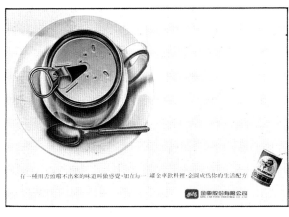

● 推銷商品廣告

台北市產物險公會「居家安全小心火燭」系列稿

①金融證券類廣告主：包括了銀行、證券、保險業。

②百貨商店類廣告主：一般百貨公司或批發。

③食品飲料類廣告主：指肉類、食品加工，飲料類。

④醫療器材類廣告主：此類廣告告訴銷費者對新醫療器材認識和新藥物。

⑤圖書文教類廣告主：這類廣告主在報紙上最常看到新書介紹、或者教學錄音帶，文具的介紹。

⑥家電類廣告主：國內每當換季或年終大減賣，家電類廣告最爲常見包括電視，冷氣等家電產品。

⑦運輸類廣告主：運輸指的是船，汽車，火車的廣告。例如台灣鐵路局的「一票玩到底」的廣告。

⑧服飾衣類廣告主：一般包括流行服飾，衣料等等。

二、廣告商品分類

廣告商品項目繁多；最主要包括了①商品性廣告②企業性廣告．

● 商品性廣告：包括(A)食品飲料類(B)衣著服裝類(C)交通工具類(D)建築工程類(E)娛樂影劇類(F)藥品器材類(G)工業產品類

● 企業性商品廣告可分爲

Ⓐ持續性廣告：此種商品品牌銷售已久，爲了讓品牌者維持形象，定期或不定期的廣告。

Ⓑ惠顧廣告：是要使商品或企業之印象有良好印象，例如「買三送一的廣告」。

Ⓒ公共福利廣告：以公共福利爲前提廣告。

Ⓓ開發產品的廣告：例如新產品上市的廣告。

三、商品訴求地區廣告分類

商品廣告若是按地區分類可分爲：

①全國性廣告：例如電視廣告或廣播電台都是屬於此種廣告，範圍可達全國大部份地區。

②地域性廣告：地域性廣告如報紙有「南部版」、「北部版」，更可細分北部版有「台北市分類廣告」，「台北縣分類廣告」。

四、依廣告訴求對象

廣告訴求對象，也就是廣告進行「廣告」時考慮的特點：例如銷售摩托車廣告，年齡如果是青少年，可依青少心理特性，進行廣告策略。一般廣告訴求對象可分爲下面幾點：

(1)性別：男女性別不同的考慮。

(2)年齡：兒童、青少年、中年等不同年齡層有不同心理考慮。

(3)職業：高收入與低收入不同之職業考慮。

(4)興趣：流行與興趣有改變市場走向。

(5)受教育程度：受教育程度的高低與選購產品的認知有極大關係。

一般商品除了上面的考慮因素外，通常商品訴求對象除了心理慾求外，考慮到商品的「定位」問題，定位要考慮到兩項因素(A)人的考慮：例如經濟收入高低，年齡等(B)商品本身定位：依商品特點進行廣告。

二　廣告媒體分類

廣告媒體的目的有4W：Who、What、When、Where。

① Who——要傳達給何人，例如職業，教育，收入，年齡等。

② What——產品有什麼特色，品牌有什麼特別服務。

③ When——廣告什麼時候出現，例如電視廣告，安排在幾點廣告，如廣播安排在什麼時段播出。

④ Where——是屬於全國性？地方性？或是新社區？可依產品性質，企業行銷狀況進行廣告。

廣告媒體種類概括

在經濟多元化社會中，廣告媒體種類也因廣告的產品繁多而愈來愈多。

筆者對於目前台灣的廣告媒體分類，歸納為下列幾點：

一、印刷類媒體

①例如傳單、說明書。

②出版印刷品的廣告：如雜誌、報紙等等

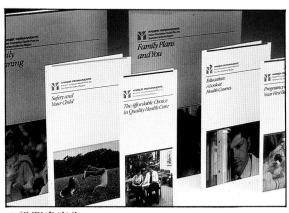

● 說明書廣告

● 報紙稿

二、依定點媒體廣告

①車廂廣告：一般指公車內車廂廣告。

②海報廣告：各方公佈欄的海報張貼廣告。

③戶外招牌廣告：一般商店招牌廣告。

④旗幟廣告：例如開幕或者房屋建地之旗幟廣告。

⑤霓紅燈廣告：指的是一般商店霓紅燈廣告。

⑥交通廣告

三、電波類廣告

①收音機廣告　　②電視類廣告

③電影類廣告

四、展示廣告
①櫥窗廣告　　②陳列架上價格廣告
③展示架景觀設計廣告

五、其它類廣告
①名片廣告　　②包裝袋，包裝紙廣告
③汽球廣告　　④月曆設計廣告

圖1　民國79年度台灣地區各廣告媒體佔有率

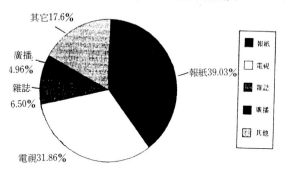

圖2　民國79年度其它廣告媒體（17.06%）之佔有率

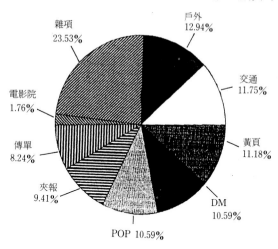

中華民國廣告年鑑提供

六、 DM 廣告類
①信件型廣告　　②商品目錄廣告
③宣傳册子廣告　　④說明書廣告

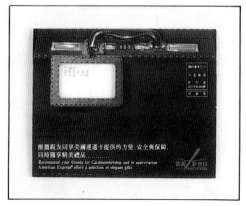

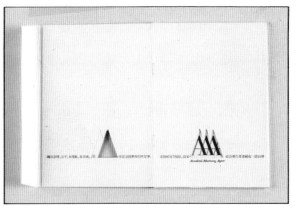

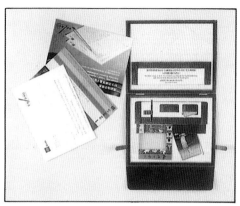

第三章
廣告和行銷關係

一、何謂行銷

在行銷一詞出現的時候大概是在二次大戰後，由美國傳入我國，之後幾十年，有關行銷知識研究不斷的產生，行銷英文為「marketing」，行銷主要意思乃是市場營運策略的學問，經濟繁榮的社會；行銷乃是生產者的商品透過行銷管理與策略應用的一種經濟機能。

行銷不外乎有四個主要考慮之因素①產品的價格②產品如何推銷③產品的銷路管道④產品本身特質用途。如何把產品推銷到顧客手中，這是行銷戰略應用成功與否的主要關鍵，「顧客有選擇產品的權利，企業有推銷產品之自由」，在自由經濟體制下，廣告與行銷有不可分關係。

二、廣告與行銷關係

整個行銷過程中，缺少不了廣告策略應用，也是利用廣告成了企業者對消費者的重要武器，因此行銷中必需有好的廣告策略，在行銷上才能無往不利。行銷與廣告關係筆者歸納了下面幾點：

一、行銷的成功就是廣告設計的效果表現。

二、行銷中不能沒有策略，如何在策略的應用上與廣告配合，使得兩者發揮商品促銷最大效果。

三、行銷是目的，則廣告是手段，因為好的廣告才能促成產品的銷售。

四、必需有廣告人員配合才能達到行銷目的，透過廣告可以瞭解行銷策略應用是否正確。

三、廣告設計在行銷中的功能

①增加產品的銷售能力

良好廣告設計能夠彌補行銷上的不足，廣告可以幫助行銷策略進行更順利。

②消費者購買意願強化

某些商品往往透過廣告宣傳，讓消費者產生對該產品產生好感，無形中消費者比較願意購買。

③一般經銷商比較願意去推銷該產品

往往有廣告的品牌，比較容易銷售，一般經銷商比較願意推銷，消費者購買時比較容易接受，通常部份商品廣告會配合經銷商至商店廣告，又叫「商頭廣告」，定點促銷，例如吊式POP廣告在一般藥房最常見，或者立體式POP廣告。

④企業形象的美化與提昇

有些廣告促銷目地是要提昇該企業形象，例如公益廣告的表現方式，就是要提昇該公司企業形象為訴求。

⑤使商品美化進而能達到促銷目地

有些商品是需要包裝來表現出該商品價值感，引起消費者好感，才能達到銷售目地。

第四章
設計起源

一、設計的起源

(一)近代設計史演變

最早在「文藝復興」時期就已經有所謂的純粹藝術與應用美術。其後法國的皇家學院，陸續舉辦美術展覽，有些藝術當初僅以欣賞為範圍，慢慢的變為「為藝術而藝術」為特點，因此純粹藝術與應用美術的距離也就愈來愈遠了。

隨著產業革命的發展，歷史產生了很大的改變。產業革命最早在（一七七〇至一八二五年間）英國，一連串的工業革命產生，文明不斷前進，隨之而起的不只是大量生產，而是「為生產而生產」的工業製品，從此應用美術與藝術家關係似乎是分的愈來愈遠，所以設計這名詞產生最早與工業歷史演進有直接關係。

(二)威廉莫里斯的影響

威廉·莫里斯（William Morris,1834～1896）是近代設計運動的開拓者，在他著作中「科學、工藝、美術」（1852著），及「工藝與工藝美術的式樣」（1860著）來倡導設計美學，他自己認為質感的重要性，其後傑姆貝爾（Gottfried Jempell,1803～1879），跟從威廉·莫里斯的著作中，闡明了美學的理念，使的工業設計名詞的內涵更加的豐富反富有獨特性。

有關於莫里斯的思想的特點有下列兩點：

(一)莫里斯是「商業革命反對者」，原因是反對機械大量生產所產生的不斷模仿，他強調的是產品設計的特色。

莫里斯強調了「美與生活是必需結合在一起」。

莫里斯雖然反對機械生產，然而已經重視到美感的重要性，對今天設計角度來說是一大進步，然而在當時貧富階級差別大的社會中，影響是十分微小。可是在國外當時確實比英國國內反應來的熱烈，例如：奧地利「分離派運動」、瑞典的「工藝協會」最後更影響到美國，經由美國傳到世界各地。

因此莫里斯的設計理念，在當時已經對世界有所影響及貢獻，並且一直到延續現在。

(三)包浩斯——與格羅佩斯

在設計的史上「包浩斯」一直是設計界熟悉名詞，包浩斯創建的精神完全是依據格羅佩斯所主張的「藝術與技術」的結合而產生，包浩斯的教學方式採用所謂「雙軌」教學法，也就是由兩組不同教師同時進行教學，一組是負責造形的老師，一組是負責「技術」教師，包浩斯教學重點不但重視理論，同時也與實際相配合，因此包浩斯的影響貢獻十分深遠。

(四)包浩斯的造形精神

格羅佩斯（Walter Gropius 1883 － 1969）創立包浩斯的是穆特修士「工作連盟」和莫

●椅子大約在1850年代所設計
（圖片來源—雄獅圖書公司設計運動一百週年）

●十八世紀設計家莫里斯（W.Morris）的設計富於裝飾性。

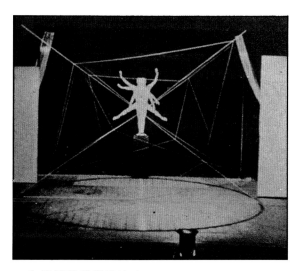

● 包浩斯設計學院的造形劇場。

里斯的「美術工藝運動」的綜合，一方面結合了美術與工藝另一方面是商業與工業的結合，同時他們也希望美術與工業之間產生調和。格羅斯比為何採用「包浩斯」這名詞？原因是中世紀哥德時代的木匠，石匠，雕刻師，畫家、畫匠的工作團體「包西特」（Baahutte）的理想，也就是說一位藝術家同時也是造形設計家。

　　包浩斯的學生除了設計法則和理論的基礎外，同時也重視「手」的訓練，因為要訓練學生成為「造形藝術家」。

　　包浩斯的貢獻在於把視覺語言，立體派，絕對主義等運動的造形理念表現出來，影響所及到後來那基（Moholy Nagy）的「新包浩斯」設計研究有更深遠的影響到美國，包浩斯的「視覺語言化」，不斷改變或影響人們的生活。

二、認識設計

(1)何謂設計

　　設計這個名詞，英文原文「Design」，設計隨著時代的進步這名詞被廣泛的應用在很多地方，例如與生活有關的，住的室內設計，建築外觀方面有關的建築設計，與衣服有關的服裝設計，布花設計，與攝影有關的攝影設計，與產品有關的產品設計，與交通有關的交通標誌設計，車子外觀造形設計，與工業有關的工業設計，大體而言設計可分為(一)平面設計(二)立體設計。

　　(一)平面設計：例如電腦圖案設計，海報設計，服裝圖案設計，室內設計圖，工業產品圖設計。

　　(二)立體設計：機械設計，傢俱設計，包裝設計，展示設計，時裝設計。

　　設計這名詞在很多本書上都提到設計定義

，例如「設計是一種創造藝術」，「設計是一種思考與計畫性的活動」，「設計是一種有目地性的造形活動」等等，不管設計的定義解釋如何，設計本身是一種人類思考的過程，透過這種的思考過程使人的生活有所改變，設計本身就是一種人類高度智慧結晶，人類藉由設計來創造出更新奇的東西。

● 商標圖案設計 — 以幾何造形設計的商標

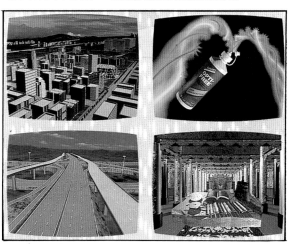

● 平面設計、視覺設計電腦圖案設計

　　大體而這設計有廣義與狹義之分，廣義的設計是指一切有關造形活動或計畫，包含著草圖都含有設計的意念在裏面，而狹義的設計意思則指的是圖案本身的變化或者是意念的表達。

　　設計最直接的是從圖案發展開始，從過去有人類就一直存在著，設計在未來的人類歷史生活環境中可預期的，扮演著更重要的角色，人類為了創造更美好的生活，在設計本身是集合智慧思考與集體合作的產物，設計所創造的

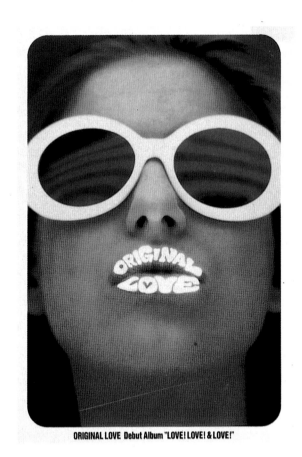

ORIGINAL LOVE Debut Album "LOVE! LOVE! & LOVE!"

不只是圖案或產品，設計同時也是人類時代智慧結晶表現，設計的本身是一種合乎實用性，目地性和計劃性的一種造形活動。

　　設計的內涵由於時代的變遷而有著不同的意義，原本在古時候只是圖案的一種單純表現，到現代的科技競爭時化中，設計所涉到的不只是圖案形狀的變化，同時設計是具有「實用性，合理性，人體功學性，心理性，技術性，經濟性，技術性；藝術性等特質」的組合。隨者時代日新月益的進步，設計在二十世紀的意義和內容就更形的元化及變化性。

　　在前面的敍述中大概可了解設計所含的領域似乎是日愈的廣泛，然而不管是何種設計似乎是與商有著密不可分的關係，尤其是，在商業社會中，設計所扮演的重要性與主導的地位似乎可清楚顯現；舉凡在商業中有關的，如包裝、廣告，產品，攝影，造形，展示等等方面的設計，不但是設計本身所應包含創意性外，同時設計本身包含者有關於商業經營的理念與行銷學上的各種策略應用相配合。因此設計的精神上除了美感外；同時也包含了企業的理念和精神。

● 展示設計

●包裝立體設計

●卡片

三、圖案設計

　　圖案藝術設計者的目的在於透過文字和影像的組織成功地將訊息傳遞給觀眾，圖畫藝術設計者鮑爾‧瑞德形容設計者為變戲法的人，在所給予有限空間巧妙地執行他的技術處理各種藝術成份，雖然它並沒有牽涉到充分的美學鑑定方面，但是卻有描繪的傾向，然而，原則上，無論是致力於信箋上面的設計或是電腦製造產生的電視影像，一個良好的海報或書籍設計可能是設計者致力於平生的結果，更通常的是一個過程的結果，包括經驗選擇直到發現滿意的一種。

　　設計者的表現就好像帶領一訊息從委託人到顧客之間的中間人。一個設計者必須熟悉各種型式的圖形的製造且能夠和印刷者，攝影家，插圖畫家和其他技術人員共同合作，做到最好的程度。

　　學習與認識設計可以從幾方面去瞭解設計是什麼？以下是筆者歸納：

　　㈠認識設計的重要性？

　　㈡設計的用途如何？

　　㈢瞭解設計的相關知識材質或者是表現技法；並且對於設計產品及使用者有著更進一步心理瞭解。

　　㈣對於設計的基本原理知識應廣泛的應用。

　　㈤對於行銷與廣告方面的知識設計者應充分的瞭解。

㈠圖案設計歷史由來

　　綜觀它的圖形設計的歷史已經被流行趨勢，影片，音樂，歷史，政治，印刷，宗教和懷舊之情所影響，早期的圖形設計是由印刷業、商業公會和招牌業公會會員的工匠所製造，很多初次的設計者致力於以創作獨創性的文章索引如標籤作家和招牌業者。那時尚沒有專業的圖形設計，一個人提出創作書本要求的每一任務，包括編輯，鉛字鑄造，印刷出版和銷售。圖形設計在今天的意識裡開始融合了印刷的機械元素和藝術本位。在十六世紀中期，編排設計被科諾德，佳諾門德和爵可柏，薩硼，最早期的描繪是從木製砧，直到十五世紀中葉加騰柏格發明了金屬模板。

　　經過幾世紀的慢慢發展，而在中世紀開始製造，到現在圖形設計已經擴展分佈到包裝、展示、陳列和廣告的領域，並且建立其專業形象，到了十九世紀印刷技術向前大大的跨了一大步。圖形設計在建築業、工業、工程、技術和商業方面伴隨新主意觀念持續發展。

●海報　以攝影表現的海報

哈瑞、迪、稻路斯一羅德瑞（1864～1901）在海報的新型媒介手法裡有很大的影響，他瞭解海報是作為溝通其他人且吸引觀眾的一種方法，他亦看出他的工作轉化到印刷的重要性且有利於大型石版印刷的發展。古典型式的中心印刷式樣，使用各種字體印刷型式，擁有它自己的印刷字體和圖形的起源，但有創新者開始準備挑戰現有存在價值以研究發展更有效率溝通的方式。印刷業者如威斯特爾和比斯薩洛用不對稱的編排排版，打破以往所接受的標準來設計書本封面紙張。

圖形設計的支流大部份是從由威爾若，莫里斯（1834～96）在1884年藝術和技巧活動裡所發現，他的思想意識被擴展到書本生產的印刷字體就如像俱，壁紙和紡織品一樣。在1890年他所發現開爾史考特報導中有提昇書籍印刷和印刷字體的標準。莫里斯是一社會學者且在他的學說裡有某一種中世紀風俗的品格且他的所有作品都必須由手工製造「由人產生，為人製造」。

在設計上的一次重大的影響為新潮藝術店在1895年開業的商店名稱的裝飾藝術活動，並以莫里斯的型式設計為其基本起初型式，此種型式的樣式本質是以雕刻和流線形，像波浪型或花朵的柄莖，它是一裝飾的圖型設計被摹寫至廣範圍的主體。

然而在同時代設計的最重要影響，為包浩斯在第一次世界大戰結束之後，在德國立即成立，瓦特，骨皮斯（1883～1969），建築家，設計者和老師，在1919年于魏密瑪創立美術和設計的包浩斯學校。他所教授的原理原則已經幾乎是二十世紀設計所有角度的面面觀基本原素，學校的哲學是將藝術和技術密切契合在一起。鐳自洛，莫哈利——納利（1895～1946）說在設計上的印刷式樣必須以它最鮮艷逼真的型式來做最清楚的表達。包浩斯製造一新式印刷式樣，且用印刷物質作試驗，哈伯特，鮑爾在嘗試展示印刷之範圍放棄使用上好的印刷字體。

在這同時，先進辜比特活動為法國流行的一種形式，在（1881～1973）由帕洛，皮可梭和（1882～1963）喬治，柏瑞克所領導。

從傳統裡解放出來是由瑞士設計者珍，銻開始，他致力於式樣簡化，對比和原始色彩。他的不對稱圖案展示的安排提供了視覺上絕妙的審判，他亦結合了攝影和圖畫，這種情形很少同時發生，所以瑞士圖形設計仍然擁有很高的評價且絕不是偶然巧合，瑞士此國家擁有之種官方語言，且都全部呈現在大部份的印刷文學裡，所以瑞士必須以極端的方法來處理這些類的問題。

「圖形設計者」的角色，在大量產品和大量廣告隨同影片出品時，才真正的被接受，且為專門的設計者創造需求。替一家公司創立一個整合具形影像的意識是由李斯特，比歐所首創，他為凱特比勒作設計工作從每件事情——地板上可移動的機器到辦公室的信紙都經過深思熟慮所呈現表示凱特比勒商業的本質都領導使用公司的象徵標記。

在最後的六十年，適用於圖面設計者的印刷版面的範圍已經做了無數的擴大。在這段時間重要影響者的名稱，包括伊瑞克，吉兒（1882～1940）美術家和印刷者，設計吉兒，山姆和不朽型式種類。史坦利，莫瑞森（1889～1967），為自動鑄字機公司公司的顧問，設計時間和創設很多其他有關商業的可用面。和艾得瑞，福路泰格，在1957年設計了普遍的型式種類。

原始的設計在印刷上有其根本，和先進的印刷技術已經影響了設計的態度，瑋柏平版印刷——就是在紙上的石版印刷從一圓筒和電腦排版印刷傳送印製出來，且完全地改變設計者工作的方法，設計者通常僅限於解決技術上所出現面臨的問題，且將持續地做先進技術且更進一步以雷射印刷和電腦圖形設計，新型技術僅提供予設計者改變或增加變數，必須共同創作的參數，且永遠無法真正的取代設計本身過程。

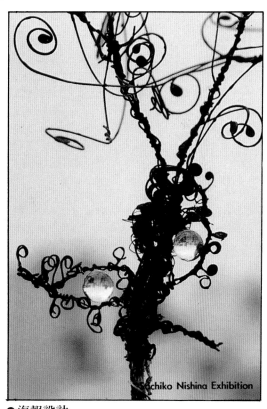

Sachiko Nishina Exhibition

● 海報設計

(二)設計訓練

一個圖形設計者是字彙和影像的編輯者。每一位設計者都將處理在一個體方式以印刷式樣色彩和其各種成本組合產生各種不同的結果。要做一個成功的圖形設計者必須要有先天的審美知覺和藝術家的敏銳的觀察能力再加上實務上的訓練，現在大部份學院加強在自我動機和確實性，花一段時間完全的去開發意念型態和增加經驗而沒有任何的設限和壓力——來自商業的契約。對於視覺上認知能力的增加開發是無法予以估計出來。

一些大學學院，因此提供工作環境在那裡學生可以正確地判斷他們何以學習此種技術。那是很難瞭解好的合適型態或藝術作品的重要性，除非把他們放置在一合適的環境。學習如何擺脫不必要的理由或如何達到良好模範型式，當你開始創作時，就會變得清楚快速。假如你要在這個競爭工業裡成功的話，你必須在著手準備專業技術基礎的範圍和設計原理知識。

(三)描繪

所有小孩在年輕幼小時都被鼓勵從事描繪，但當他們逐漸成長，就逐漸強調在寫作表現方面的技巧學習，因此，相對地孩子就不能完全地致力於研究描繪的技術。

描繪可加強你在兩度空間的表面表現你的思想意境。假如你和圖形設計者製造的影像以這種方法過程相比較，你將可立刻看出描繪的實用。假如你會畫畫，你表達意象能力就可增加。在一張紙上的一些線條可傳達你給予客戶的訊息。

一個設計者亦必須觀察敏銳——薄弱殘缺的描繪通常是因為對於描繪主體觀察不夠所導致的結果。你必須考慮組合分配，比例和風格。配景的基本原理知識是必需的，為了在一個二度空間表面呈現出一個三度空間的主體，這種知識是無法予以評價，不僅是你本身視覺上的領悟力，且對於你往後做為一個插圖畫家或攝影家所必須的基本本質。不要被早期的挫折所擊敗，只要繼續的觀察和繪畫。

(四)組合

當你在設計的圖畫和本文領域裡變戲法，直到結果看起來令人滿意時，就是你在"組合"，你是在組織式樣，形狀和顏色以一種方法使他們融合一起。古典的傳統組合概念是基於稱為金屬的段落的空間分配，這個規則慣例給予設計者在其所設計紙上找到一個良好的平衡點。它是以數理上正確的方法而非"理想意識"部份。相同地，人體形狀亦提供一個數理上的比例準則——它可被分配成八等份。這兩種概念都是有用的，但不能嚴格地使用。

色彩基準，比例和各角度僅需要選擇適用於你想用的色系，這是一種明智決定，一旦他們妨礙了你的設計，你就有權改變他們，引用雷諾爾（1841～1919）。有很多必須去描繪，且無法解釋那一個是必需的，你自然的取得學說的本質然後很自然地實現他，藝術者和設計家現在創作較以前憑直覺，但經驗和自信仍然影響組合的決定性因素。

(五)色彩

對於色彩的瞭解運用亦是成為一個設計者不可缺部份。它是很明顯我們不可能客觀使用色彩，因為我們都以一主觀方法使用色彩。色彩學說的基本知識當然有用，但若把時間花在實地色彩運用將更為有效。色彩學顯示如何使它如創作需要，但不能用他來創作和諧或震撼的效果，例如，新型式的色彩，如天彩，雷射顏色，除了這些我們所熟悉的色調，在我們設計上所使用的色彩有很深的影響。

日光或"白光"，是一電磁的放熱光線的微小組合且可分散成七種不同的顏色，紫，靛，藍，綠，黃，橘和紅，光譜的色系。主體的色彩依賴每一種顏色有多少被物體的表面吸收或反射。三種基本顏色是紅，黃，藍。他們不被任何其他顏色所混合組成，但其他顏色可由他們變造。三種其次的顏色是由基本顏色的二種混合組成一綠（藍和黃），紫（紅和藍）和橘（黃和紅）。其次顏色的色彩將是多變的由它使用每一種基本顏色的混合比例。這些基本和次要的顏色和其他最強烈顏色成對比，為一已知的補充顏色——橘和藍，黃和紫，紅和綠，補色無法得到一普通基本的色彩。

對於設計者而言，創作色彩指在色盤裡調配改造出四種基本顏色。這些是黃，紫紅（紅），藍青（藍）和黑色。這些四種顏色可以不同比例混合而達成幾乎所有顏色。必須記得顏色是由光變化出來是很重要的。對於一個設計者特別地重要當對於印刷者色彩的詳細說明。一個顏色的品質和濃密度假如你在兩種型式的灯光下將會改變，所以當你在選擇顏色之時最好是在灯光下看清楚。

第五章
平面廣告設計編排功能

一、平面廣告設計的編排功能

平面廣告設計的程序是在編排設計中掌握到圖形，文字，圖形及色彩上的變化，能使消費者產生注意同時也能在廣告業主中達到商品所要強調目地；因此編排廣告的重要性功能有下幾點：

　㈠能引起消費者注意力。

　㈡能把廣告的主題顯現，也就是「基本視覺區」英文（Pyimary Optical Area）簡稱，「POA」。

㈢使平面廣告設計上更有明識性；也就是在廣告能讓一般的讀者達到；易讀、易懂、明瞭等效果。

平面廣告設計中編排的程序

㈠決定廣告中性質——也就是收集相關資料；如問卷調查。

㈡擬定計畫——也就是整理資料並且分析判斷。

㈢整理過程——對於已有資料綜合。

㈣討論取捨——對於廣告的問題做討論，

● 綜合廣告業經營者聯誼會（4A）SP系列— 以反白文字做爲視覺焦點

19

並進而能決定方向。

　　一般創作過程中又有①收集資料②整理資料③解決問題④修改問題⑤執行過程⑥再修改⑦完成。

二、平面廣告設計編排要素

　　一般在廣告中編排要素有下列：(一)文字 (二)圖形 (三)色彩。

(一)文字部份

　　主標題 （Catch-Phrase）

　　副標題 （Sub-Catch）

　　引題 （suprahead）

　　內文 （Body-Copy）

　　商品名稱 （Brand Name）

　　公司地址、電話、名稱 （Address ltel, ephone & Name）

● 王炳南海報要素：主標題、副標題、內文、
　　商品名稱、地址

(二)圖形部份

　　在平面廣告設計中圖形占有相當重要地位，可分為：

　　主要圖形 （包括攝影，版畫，押畫，繪畫） 為表現方式。

　　商品 （Brand）

　　商標 （Brand Signature）

　　公司標誌 （Company Signature）

(三)色彩部份

　　色彩部份則是應用不同設計效果；來完成配色。

　　黑白；空白；彩色等表現。

● 王炳南—以攝影方式表現

● 謝恩惠—以插畫方式表現海報

● 插畫表現方式特別的平面廣告海報

● 吳旭東—平面廣告版畫方式表現

● 吳旭東—黑、白、紅色彩表現很突出

三、平面廣告設計的標題功能

　　㈠引起讀者注意。
　　㈡能夠凸顯出的廣告主要。
　　㈢增加版面的變化。
　　㈣是版面設計主角
平面廣告標題製作原則
　　㈠要能合乎主題：否則歪曲，達不到效果
　　㈡要避免讀者產生不好聯想。
　　㈢要簡單有力量：能使讀者一目了然。
　　㈣能生動而活潑：對於標題可能有不同形
式編排。

四、平面廣告設計編排形式原理

　　平面廣告設計就是在平面上做適當安排或
變化，原本只是個別的文字或圖形的意念，但
經由設計者的構思安排，來達到所謂美的形式
，設計者所要掌握不只是一種平面上的變化，
同時也是要在設計的形式與原理中能掌握到一
些特質，這些特質在平面廣告設計中不但只是
在「統一中求變化」或者是「變化中求其統一
」有很密切關係，如此一來也才能達到設計者
與所要表達意念更為貼切，達到平面廣告設計
的目標。

● 李潤豐—平面廣告設計有變化，字體簡單，使人一目了然

以商品功能為訴求的廣告

●A秩序美的形式編排

在平面廣告設計編排形式的美的原理有下列幾點

(一)秩序

所謂的秩序；乃是在畫面上有統一的效果；也就是在平面廣告設計中對於圖或文利用「秩序統一」來達到一種廣告上的「述求力量」，往往由於秩序的統一在平面上會造成力量；因此若是圖形有秩序的「變化」會在平面上更為活潑，反之若是秩序太單調，則畫面會有不活潑的感覺，因此在畫面上必須是在秩序中能適當的變化才能達到平面廣告中秩序的效果

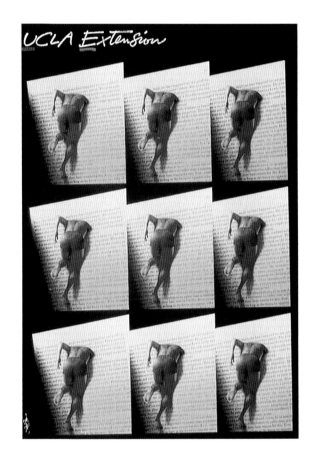

(二)反覆

反覆英文（Repetition）是一個設計單元或多個設計單元不斷的重覆之意；反覆在平面廣告設計中是在反覆中達到視覺的力量進而能單元中能有所變化；因此在美術設計中不斷的用反覆變化對象來達到表現效果反覆又稱為「交替反覆」，就是同一種的圖案重覆變化之意，例如連復圖案設計，桌巾設計等等。

(三)和諧

和諧在設計上又稱為「調和」，調和是一種視覺上的調和，有「形與色」調和，若是在達到「相互和諧」的效果，調和作品可以給人一種很舒服的感覺，同時也可以給人一種視覺

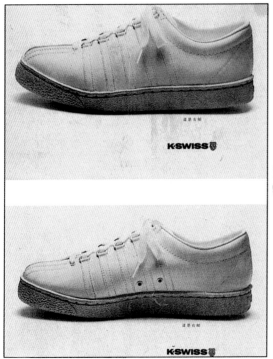

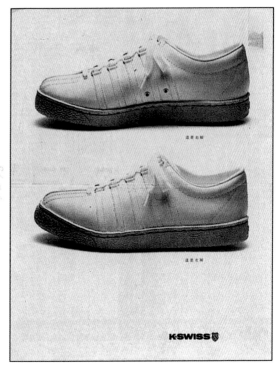

● 反覆美的編排實例

上愉快感覺，因此調和又可以分為①對比上調和②類似上調和。二者之間都必需要達到統一的調和，不管在類似上或對比上都必需恰達好處，這樣才能達到一種很和諧的目地。

在平面廣告設計調和的編排上必需注意下面幾點：

(一)對於單元的文字或者圖案必需要「恰到好處」，如高低，明暗，大小要適當控制。

(二)對於構圖配置上要能給人有平衡的感覺，否則失去調和意義。

(四)對比

與調和相反的廣告設計為對比，對比為「對照」的意思，使人產生強烈的對照現象，例如在平面廣告設計中的黑白對比，大小對比，動靜對比，垂直與水平對比，粗與細的對比，輕或重的對比，這些在平面廣告及海報上都是在視覺有重要條件；目地在於單調或調和中能顯現出廣告所要的強烈視覺效果而能使得廣告達到吸引注意目地。

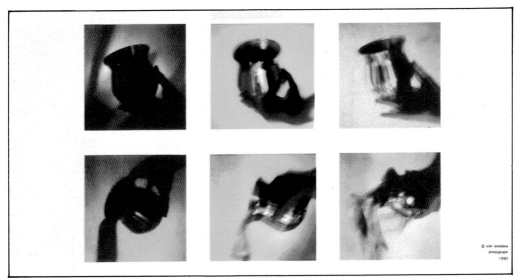

A 反覆對比美的編排實例

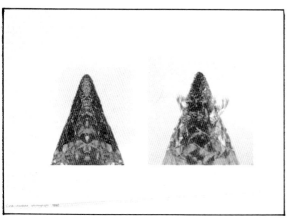

● A、B、C —類似和諧美的編排實例

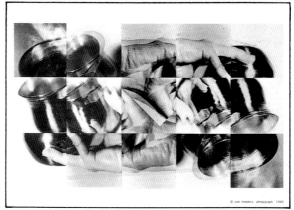

C

㈤漸變（Graduation）

漸變在廣告上是一種單元或不同單元在視
覺效果產生了大變小或小變大或者由弱
而強由強而者或暗而明或由明而暗的視
覺變化，漸變的另一名詞爲「漸層」（

Gradation） 同樣的意思，就像是音符
般的變化，若是能有「仰揚頓錯」則可
能在平面廣告設計上達到更完美的效果
。

● 由小大漸變的編排實例

● 劉雙文—漸變編排實例由大而小

㈥對稱

對稱（Symmetrr） ，是一種平面廣告設
計上經常用到的變化形式；就如一條直
線分割時，上下或左右相互的「對稱」
，一般的廣告設計，對稱可以產生一種
安定的感覺，同時對稱也能使得平面廣
告設計的主題明顯表現出來。

● 對稱的編排實例

箭牌PK口香糖上市系列稿

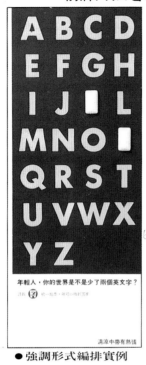

● 強調形式編排實例

㈦韻律 （Raythm）

在平面廣告設中韻律所產生的效果與漸變
　形式有相同的地方，不同的是韻律比較
　富有活潑的變化，例如；在色彩、文字
　或者是編排上在廣告達到一種富有韻律
的音感，往往平面廣告設計者在韻律的
變化上疏忽了構圖的統一中變化或者變
化中統一，廣告上會產生一種錯亂而不
協調。

● 韻律變化的編排實例

㈧強調 （Emphasis）

「強調」故名思義，乃是在於凸顯出該廣
　告的訴求的重點所在，目地在使廣告中
　主題更爲引起消費者注意，同時能進而
　注意廣告中的內容。
強調在廣告中應注意下面幾點：
㈠強調的效果顯現在於「強」與「弱」的
關係能有所適當的搭配，這樣才能產廣
告力量。
㈡強調目地除了凸顯出該公司的產品或某
方面特色外強烈也是在廣告畫面的編排
形式與原理中製造廣告重點，因此如何
編排，必需是恰到好處。

㈨比例（Proportion）

比例是廣告設計常用的一種方式，比例的目地在達到整美的效果，尤其廣告平面設計不但只是形的比例，若是在色彩上或者是線條與形狀上達到適當的應用，比例仍然會產生很好效果。

在在例的應用上有，費勃那齊數列，調和數列，等比數列，等差數列，黃金分割比割等。

NEC辣椒篇

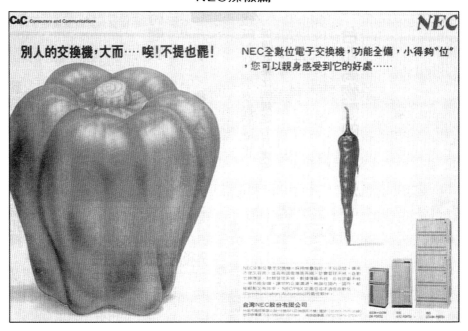

●比例編排形式

26

第六章
平面廣告的文字設計

　　自古以來文字設計一直是傳達訊息一種重要工具，廣告乃是透過文字的訊息讓讀者能一目了然的知道其涵意，而達到商品說服目地，因此在廣告的文案中、大標題、副標題、小標題等等說明文都占有重要地位，如何在整體版面的編排上能夠恰到好處，而達到廣告目地，這都是文字設計重要因素之。

　　廣告文案的主要字體有、明體、宋體、書法體、隸書、POP字體、篆書、草書、標準字體設計等等都必需恰到好處，照像打字則有粗、細變長或變寬，縮短；如何運用文字做出吸引人廣告；都是設計者必需具備知識，同時能提昇廣告的效果。

● 詹朝棟—各種不同文字設計吸引消費者注意

一、廣告文案設計的主要功能

①文字也可以強調該商品的特色、增加廣告版面廣告功能。同時容易讓消費者了解到該產品特色、如何。

②具有輔助廣告圖案功能，增加廣告訴求的說明效果，使畫面產生變化而有一流的感覺。

③文字與圖案相互配合，相輔相成缺一不可；廣告商品需要文字設計配合，同時也讓消費者對產品產生聯想作用，進而引起購買慾， 因此「適當的編排是有輔助商品性銜接作用」。

④建立廣告形象

● 黃振華、黃玉卿—廣告字體以書法來表現標題與

永慶房屋負責幫您找到滿意的家

● 劉雙文—輔助圖學功能

27

文字往往富有個性，不同文字有著不同的情感，例如草書隸書等毛筆字就適合於應用年節味道的廣告設計中，而在兒童節中，則可能是用孩子純眞的字體表現，其他如不同標準字則可能表現不同企業個性。

二、廣告文案字體的設計範圍

商業廣告設計中最常表現的文字設計範圍；有下列幾種形式：

① 照像打字（Photo Lettering）

照像打字是從七級至一百級，（每一級有5分之一 mm）不同大小文字，鏡頭可將字體字形由正變體形爲平體和長體。

照像打字字形有正體、黑體、細體、明體、宋體、正圓體、等六種。

照像打字字體必需注意到標題文案及字間的編排，長體比較適合直排，而橫體適合橫排。字間與行間皆可是可以一字寬¾、⅓、½字寬等。

② 標題字體設計

標題字體應用在書籍，海報，報紙或雜誌廣告比較常使用。標題字是現在海報廣告設計製作不可少的設計字體，有下列特點：

(A)標題字體必需是設計有特色字體。

(B)標題字體字與版面設計要適度安排，太大或太小皆不宜。

(C)彩色標題字或彩色圖配上單色標準字，一般都是以明度對比較強烈來配色，才比較恰當。

③ 合成字體設計（標準字設計）

合成字體是企業形象 CIS 不可缺少一環，可以說如同公司商標一樣重要，也就是設計出一種「統一形態」字體，有下特徵：

(A)透過標準字直接了解該公司產品特色或類別，或藉由標準字可以產生聯想產品。

(B)利用文字的設計造成消費者良好印象

(C)必需具有美感或者美好的視覺效果。

(D)必需具有完整性或獨立性設計，同時具有商品的風格造形。

●CIS表現該公司特色

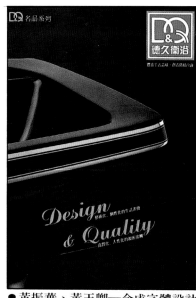

●陳岳榮—照像打字與編排設計的傳單

●黃振華、黃玉卿—合成字體設計

④**活字的設計**

活字字體在商業設計上是非常重要的，必需對活字編排及設計有所認識。

(A)可讀性：適當編排，達到統一，易閱讀。

(B)辨別性：不同標題有不同的字形辨別。

(C)活字字體設計現在大部份被照像打字替代。

⑤**英文字體設計**

英文字體設計在商業廣告上仍算常用的字體，英文字體一般是配合中文的編排，或者是單獨使用。如果與中文字體一起編排，仍然需與中文相配合，合乎中文字體設計的風格和表現商品的品味。

（可參考　北星出版　英文字體造形設計）

● 惡魔家玩具精品海報、CI規劃

三、標題與文章格式之整體造型

現在讓我們用標題和字行的組合來創造視覺效果。

在此階段裏，因為您只處理字行而不是真正的文字，您可以隨意在任何位置把標題分開。這種做法使您有很廣的創作自由。同樣地，在正文裡沒有真正的文字情況下，您也可以自由地作出各種嘗試。

在設計程序中，您有更多的選擇。例如，您可以放大標題的第一個字母，其餘後面的字母縮小一點，然後下面是一片方形文章版面。相對的，您可以創造金字塔形狀，圖形或鑽石形狀，可以發展其它許多構想。

在創造了一些有趣的圖型後，您可以把這些圖型放置在設計範圍裏。我想我們可以借助先前提述的觀察櫃架。使用它在您眼前後移動，您可設定圖型的比例和位置。一旦您做了一些有趣的安排，那您應製作一些縮小的略圖。請不要忘記，素材也會影響您圖型的視覺平衡。

四、標題與文章格式

大多數的設計作品都會含有一個標題。而這個標題的尺寸將會比文章本身字體尺寸還大。您曾經嘗試設計的字體代表標題，而現在您可以思考如何把標題加文章搭配。我將會把焦點集中在這兩種形式的平衡上。在使用這些組件來創造一個和諧、生動或感性的平衡時，您可以探討許多組合。例如一個粗壯，沈重和強而有力標題和代表正文的纖細字體搭配，給人家一個感覺就是，標題所傳達的是一個重要訊息，而感性的文章則延續訊息的內容。相對的，一個份量和正文字行相仿的樸素標題用一種比較嚴肅和正式的方法來傳達訊息。

現在我們轉到設計範圍。雖然這只是一個空白的空間，我們可以在此平衡一下畫面的組件來傳達您在追尋的圖像。在這範圍裡，您要嘗試設計標題和正文的放置尺寸。請觀察和評估您希望創造的效果。您可能需要在這空間裡把正文分段。總而言之，請找出每一個構想，因為只有如上才能幫助您發掘新設計方式。

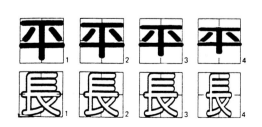

初號	活版印刷技術
新初號	活版印刷技術
一號	活版印刷技術
二號	活版印刷技術
新二號	活版印刷技術
三號	活版印刷技術
四號	活版印刷技術
新四號	活版印刷技術
五號	活版印刷技術
新五號	活版印刷技術
六號	活版印刷技術
七號	活版印刷技術

參考廣告印刷設計　林正義著

—— 字體之種類 ——

●粗明体 文字設計	●注書軆 文字設計	●細黑体 文字設計	●超特圓軆 文字設計
●特粗明体 文字設計	●行草流体 文字設計	●中黑体 文字設計	●新特圓軆（與等疊韻）文字設計
●超特粗体 文字設計	●圓空心体 文字設計	●粗黑体 文字設計	●特圓花体 文字設計
●細圓体 文字設計	●特粗明字（体）文字設計	●特粗黑体 文字設計	●新書軆 文字設計
●粗圓体 文字設計	●特黑空心体 文字設計	●超特黑体 文字設計	●圓新書体 文字設計
●特粗圓体 文字設計	●特黑空心立体 文字設計	●新特黑体（疊疊韻）文字設計	●BF体 文字設計
	●中明体 文字設計	●楷書軆 文字設計	

5、1、3 報紙常用標題字的大小及字數

以常見的每欄九個六號字高為準：

● 標題字數均以兩行為基準、行數多寡、可增減字。

標題用字表

特號 62級	56級	初號 50級	44級	一號 38級	二號 32級	新二號 28級	三號 24級	四號 20級	18級	新四號 16級	老五號 15級	字號 / 字數 / 欄高
								4／5	4／5	5	5／6	一欄
				4	5	5／6	6／8	8／9				二欄
		4	5	6	7／8	8／9	10	13／14				三欄
	5	6	7	8	10	11	13					四欄
6	7	8	9	10	13							五欄
8	9	10	11	13								六欄

正體 照相排字　正體 照相排字
平一 照相排字　長一 照相排字
平二 照相排字　長二 照相排字
平三 照相排字　長三 照相排字
平四 照相排字　長四 照相排字
左斜 照相排字　右斜 照相排字

長體與平體圖解

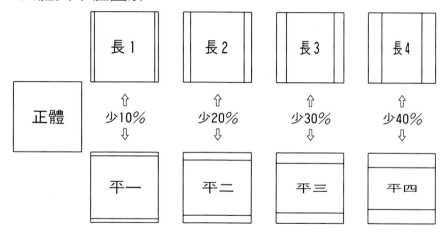

正體	長1	長2	長3	長4
	⇧ 少10% ⇩	⇧ 少20% ⇩	⇧ 少30% ⇩	⇧ 少40% ⇩
	平一	平二	平三	平四

參考廣告印刷設計　林正義著

漢妮 囍餅

吉香 波蜜

金華堂

中秋

賀

標準字體設計

DIAMOND MIYUKI
御幸

砂時計

電気館

第七章
媒體廣告的色彩計劃

媒體廣告與色彩應用是分不開的，媒體廣告設計色彩如何應用與搭配是主要問題，隨著印刷技術的進步色彩設計更是需要美術設計相關人員用心處理，才能吸引起讀者的好感與注意，對於銷售的對象產生購買慾望進而提昇銷售能力

一、色彩計劃法則

(一)色彩計劃在平面廣告設計或電視或電影之間等均不同之地方。廣告是屬於平面是需要印刷上技術，而電視與電影則需要燈光之配合，因此商品上的廣告訴求，色彩感是十分重要，色彩計劃重要法則有下列幾點應注意：①要能表現出商品的「味道」，例如黃色帶有酸的味道，暗紅色或濁紅（咖啡色）帶有巧克力食味道，紅色帶有蘋果的味道，綠色帶有新鮮的感覺。②若在衣服色彩計劃方面：如明色可顯出活潑，例如粉紅色有少女活潑感覺，暗色有成熟感、穩重感。

以上兩點在廣告色彩設計上皆是要引起「視覺的注意」或「調和感」或「統一感」或「對比或」等等皆是在使廣告設計上有比較明顯的吸引力及商品訴求力與競爭力。

● 色彩表現強烈

(二)其次色彩計劃在廣告設計上必需是合乎生動、活潑為原則，如果色彩顏色搭配太於呆板或者太過誇張而不協調往往會造成廣告無味感，同時廣告也失去了吸引力。

● 謝恩惠──作者以樸素色彩表現

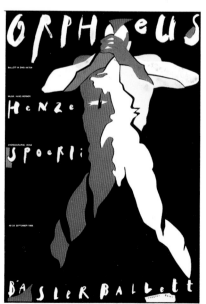

● 色彩配色活潑生動 ──紅、黑、白對比

33

(三)廣告設計中另一個主要因素是閱讀性與廣告色彩的配合：如此來增加廣告可讀性，另外色彩的標示同時也可以引導讀者看到商品的訴求重點，進而吸引消費者的閱讀，達到廣告目地。

廣告色彩若是產品設計色彩，儘量能以產品的眞實感爲主，如此一來色彩才可以增加讀者對商品的印象，進而滿足消費者的想像能力，以促使購買慾望。

(四)色彩必需合乎顧客心理達到色彩在情感上的認同

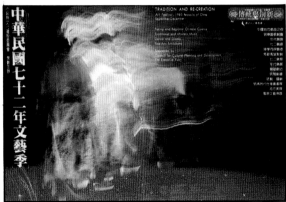

● 配合傳統節慶色彩廣告訴求相配合

(一)中國自古就有年節風俗，加紅色代表喜氣洋洋，金色代表的是高尚，黑色、白色有憂傷意思等；因此在傳統配色上是考慮風俗習慣來引起消費者對廣告注意。

(二)其次必需要配合色彩心理感覺，例如紅色代表著溫度高，是夏天炎熱的感覺，黃色是秋天蕭瑟的感覺，寒冷冬天是深藍色，因此寒色與暖色在色彩心理情感上應用是非常重用。

(三)要顧及不同年齡，性別；往往男女因性別上不同；在色彩由有不同喜好；如女性用品；顏色較柔或者亮且鮮艷又有活潑感。而男性的色彩則是比較穩重，其次在年齡上必有些要考慮；一般年齡大者；顏色較爲沈濁；而較年輕者爲輕快。

(五)色彩計劃的基本原則

  (1)認爲各種色彩對心理情感或聯想

  (2)運用互補色系搭配練習

  (3)運用同色系的搭配練習

  (4)運用調和原理練習：如同色系調和，對比色的調和

  (5)色彩與整體版面搭配問題；選擇何者爲主色；副色考慮色相、明度、彩度學等問題，中導時；秩序感等問題。

二、平面廣告設計的色彩計畫

廣告媒體若以平面廣向可分爲①報紙媒體②雜誌媒體③廣告 DM ④名片等等……

廣告的種類繁多中，色彩計畫運用正確是否完整對於整個廣告的影響是相當深遠，往往一個小標誌在配合產品固有色彩，若能成功搭配則產品可能加深消費者印象，並同時達到銷售目標。

平面廣告 POP 、海報、 DM ，報紙雜誌等的色彩運用不名乎有(1)文字部份(2)圖案的造形兩部份。

(1)文字部份──說明文，大標題，小標題等。

(2)圖案造形部份──包括標準字，標誌，插圖等等皆是。

文字部份與插圖部份在整體的廣告當中，有密不可分關係，同時對於色彩計畫要事先周密，不管是文字部份或圖案部份，都要密切配合，充份利用色彩的一些特性，將整個廣告面

● 各種色系的搭配

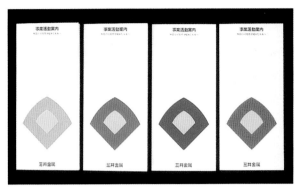

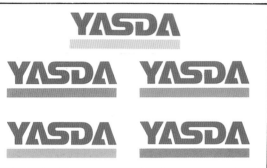

● 標誌色彩計劃

連為一體，如此廣告才能產生力量。因此完整的色彩計畫是加強廣告效果方法之一。

三、平面廣告色彩計畫的特性及原則

(一)象徵性——必要運用色彩學中聯想與象徵特質，如個人感覺、生活習慣、心理條件客觀的民族、文化、性別經驗等關係，來達到不論男性或女性聯想作用，這種聯想深入人們心理，久而久之逐漸建立各自象徵地位。

● 許袁富——唇膏海報 ——紅色為象徵色彩

(二)**色彩的季節性**——

在廣告促銷下，色彩也隨著季節不同而產生不同心理感覺，在平面廣告設計中也必需考慮季節性，掌握消費者的心理，依照春、夏、秋、冬來達到季節的色彩感覺。

(三)**色彩的明識性**——

廣告設計除了文字說明以外，色彩搭配是另外一種表達方式，如果利用色彩來說明廣告設計重點，圖與文色彩有變化而明確將會使得廣告傳達上更為成功，讓人有一目了然的感覺。

(四)**色彩的法則性**——

色彩是否合乎自然法則，情感法則等因素；自然法則則是一般自然界的聯想，例如紫色花讓人聯想到高貴、優美、嬌愛的情感，自然而然變成一種象徵法則。又如社會法則則是以職業或宗教，如佛教是金色，基督教是赤色（聖靈降臨），回教徒是綠色（永恆的樂園）。

造形藝術藝術法則，在色彩與心理表現上非常清楚，則如巴洛克色彩的豪奢性、華美性、律動性，古典派古銅色的和諧性等。以上這些種法則均可運用在廣告色彩上面。

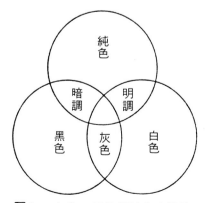

圖1　白色、黑色對純色之影響

象徵：

資料來源成功編輯　李凌霄著

類別	色覺	色彩	感覺	象徵	代表形狀
暖色（前進色）	色彩鮮明，具膨脹和方近感，輕快活潑、乾燥而不透明	紅色系	溫暖、熱情、愉快、興奮、刺激	喜慶、勇敢、積極、博愛、吉祥、醫覺。粉紅象徵愛情。	☐
		橙色系	溫暖、華美、乾燥、嫉妒、任性	快樂、健康、自由、勇敢、渴望	▭
		黃色系	漫暖、華貴、尖銳	光明、莊嚴、權威。淺黃表示柔弱、和平、永久、光榮、慈悲	△
		褐色系	幽靜、寂寞、沈默	健康、煩悶、保守、穩定、古典、堅實	
寒色（後退色）	明度和純度低，具收縮和遠離感，沈重運鈍、潔潤和透明	紫色系	安靜、幽稚、神秘、情慾、憂鬱	高貴、奢華、莊重、神聖、不安、渴望、優越	◯（橢圓）
		藍色系	沈思、冷靜、憂鬱、冷酷、安慰	廣大無涯、眞理、良善、保守、可靠、高尚、尊嚴、和平、希望	◯
		綠色系	清新、安靜、涼快、舒適、愉快	春天、希望、新生、和平、豐饒、青春、幼稚、幻想、暢旺、恐怖和生長	⬡
中性色	消極、無情	白色系	光、潔白、雅潔、活潑、樸素、天眞、暢快、清靜、無邪、純潔	光明、正直、眞實、純潔、和平、博愛、高尚、榮耀	
		灰色系	安靜寂寞、冷淡、迷惑、頹喪、沈悶	樸素、穩健	
		黑色系	黑暗、恐怖、陰森、安靜、失望、沈痛、神秘、憂鬱、煩惱	嚴肅、莊重、堅毅、敏捷、死亡、哀悼	
金屬色	閃閃生光，有金屬之堅硬感	金銀色	歡樂、熱鬧	高貴、喜慶	

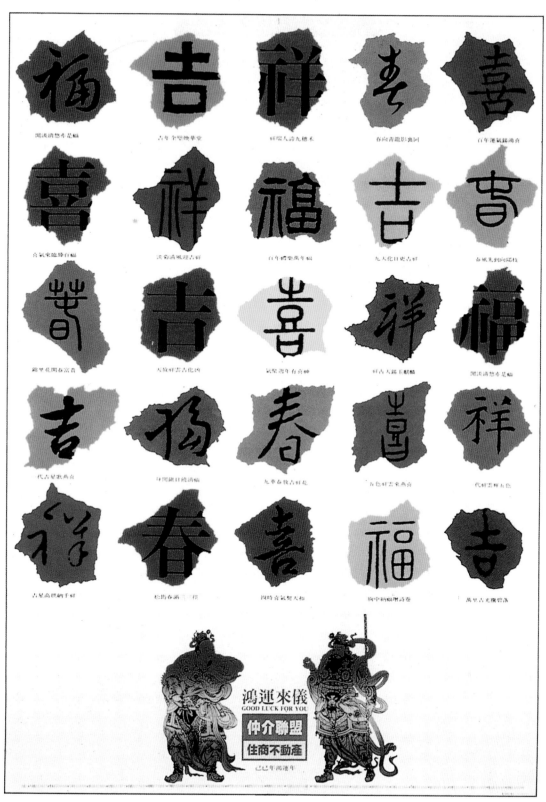

● 劉雙文—海報設計

第八章
媒體廣告

媒體的原文（medcum）有媒介的意思。廣告主必需透過媒體把商品訊息傳達給消費大眾。企業必需將公司經營的理念、商品特性，有效的傳達給消費者。對消費者而言，也必需藉由媒體瞭解商品價格，品質，功用；使用方法等，藉以教導消費者更合理的生活。

媒體，是現代廣告拉近生產者與消費者相互關係的重要媒介，因為生產者是廣告主，廣告主必將商品特性有效的傳達給消費者。至於生產者選擇何種媒體？如何執行？這都是必需對媒體應用有更進一步了解與執行企畫的問題，本書內有介紹。

廣告媒體的機能性

廣告媒體是負有拉近消費者與生產者的任務。因此唯有善用媒體特性，才能達到產促銷的目地。

①所謂媒體廣告，乃是廣告主，把商品相關的資料，做成廣告，透過傳播的方法，告訴消費者瞭解該商品。

②媒體具有達到廣告的目地及功能並且傳達商品特質。

③好的媒體表達，可以把商品美化增進消費信心。

④媒體運用的正確與否，可以影響行銷效果。

⑤媒體運用的成功，就是廣告策略的成功。

⑥媒體可以縮短讀者距離，實現廣告目的。

現在社會目前所使用媒體有——報紙媒體、電台媒體、交通廣告媒體、電視媒體、店面媒體、戶外廣告媒體等等。

●店面廣告

●戶外廣告

一、媒體廣告種類
目前媒體可歸納為三大類
一、視覺媒體
二、聽覺媒體
三、視聽兩用媒體

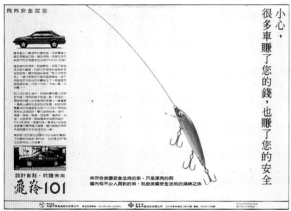

●報紙稿——廣告目地在導正消費者觀念，增進對飛羚品質之認定，對產品認識的廣告

39

● 百貨公司廣告屬於地域性廣告

目前媒體種類大致爲這三類，因廣告地區，時間不同，採用媒體也不同

以地區性爲主的廣告媒體分類

㈠地區性的廣告媒體

以地區性的廣告媒體指的是一般地方性或小範圍地區小型廣告，在經濟上比較節省。這類廣告例如，某超級市場的開幕，爲宣傳開公司開幕在該地所做廣告。

㈡全國性的廣告媒體

全國性的廣告媒體，乃是希望產品能讓全國消費者知道一般媒體如電視廣告，報紙全國版及電台的廣告都是此類廣告媒體。

表 4　媒體計劃擬流程

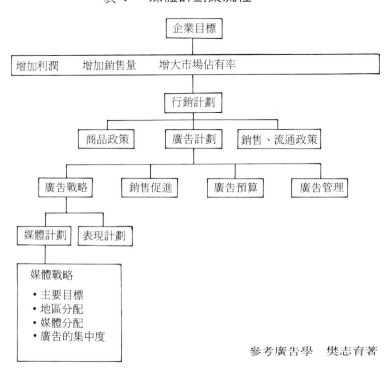

參考廣告學　樊志育著

以時間長短來分的廣告媒體

廣告媒體訴求可分爲短時間的廣告媒體及長時間廣告媒體

(一)短期間的廣告媒體

一般而言，短時間媒體如電台插播，電視插播等，只要是商品在某一個上市時間做介紹，所以花時間較少去推銷，也有用說明會發表。

(二)長期間的廣告媒體

一般而言，指的是資金比較充裕，廣告企業長期間在媒體做廣告，以加強對該產品信心，如戶外長期廣告等。

二、認識國內廣告的三大媒體——電視媒體、報紙媒體，雜誌廣告媒體

(一)電視廣告設計

電視媒體可以說是國內很重要一種主要媒體之一，其特點乃是電視媒體兼具有、語言、文字、動作表情及聲音，發揮了相當重要的媒體功能，具有「視」與「聽」功能，電視廣告可分爲。

① 廣告影片（Commerical firm）。稱爲 CF，一般使用 35mm 所拍攝。

② 插播卡：電視爲了爭取「時效」製作一種臨時卡片。

③ 幻燈卡（Side），指進入彩色電視時代，幻燈片來代替插播卡，其特點則是：畫面是靜止，同時圖案是由 135 相機拍成；在放映同寺配合音樂播出。

④ 錄影帶的廣告：錄影帶廣告又稱爲（V. CM）指用 Video Tape 所拍攝 CM。所拍攝時間比較短，同時如果拍攝失敗可以重拍，如唱歌 MTV。

⑤ 廣播電視台 CM：用 6mm 的錄音帶錄成，因此又稱爲 TapeCM。

(二)電視媒體的特性

① 廣告可以由是可以超越時空媒體，影響範圍很大。

② 電視廣告兼具有影像與聲音效果。

③ 電視廣告可以將產品的鮮豔度與鮮晰度比較清楚介紹；可以吸引消費者。

④ 電視具有普及效果，台灣幾乎家家有電視，因此廣告也具有普及性。

以上幾點是電視廣告優點。

三、何謂 CM

(一)一般 CM 可分爲兩種型式：

(A)節目由廠商提供；所播出節目當中獨家播放該公司的 CM；這種 CM （廣告文案）播出有下列特徵①可製作一分鐘或者更長 CM ②因爲是公司提供節目，所以播出比較有彈性③因爲具彈性，所以可配合節目演出，播出時間也比較長。

(B)另一種 CM 形式是在謂「廣告時間」或者是「station break」的時間，又稱爲「節目空隙時間」來播映，一般而言①電視 CM 有——10 秒、15 秒、20 秒、30 秒、40 秒、60 秒。

電台 CM 有——20 秒、30 秒、60 秒。

而一般電視電台 CM 插播的標準時間爲 15 秒，20 秒，這種標準時間 15 秒、20 秒能短暫介紹該公司產品名稱或者事項和聲明，因此比較沒有深刻的印象可言，但比較能自由運用時間插播，時間上比較能有效加以運用。

(二) CM 的構成要素

一般 CM 構成要素爲聲音（Audio）和時間（Time），影像（Video）。

(A)聲音（Audio）

①語言

語言在 CM 中是不可或缺，同時語言如何正確的傳達和掌握廣告所要訴求重點是相當重要的，往往語言表達若不夠明確則不可能讓觀眾和聽者瞭解廣告的訴求，有時候一句好的 CM 可以使人感到印象深刻，例如有一個咖啡廣告「好東西與好朋友分享」或者機車廣告「年輕不要留白」等等。電視 CM 對話應該：①以商品爲本位介紹其名稱，②商品特長與功能介紹。而表演 CM 則應是表演取勝吸引觀眾注意。戲劇 CM 則是融合於節目內容的廣告中，則可能效果更好。卡通 CM 則可能吸引大人或小孩的注意。氣氛式的 CM 則可能是比較軟性訴求。以上 CM 表現方式都必須配音效及音樂效果才能更具有吸引力。

(B)時間（time）

CM 最大特點是時間，這是平面廣告所沒有的；一般的電視 CM 比較長，所以沒有時間限制；若是安插在兩節目內極短的廣播時，一般在 20 秒到 30 秒間可以有較大時間來傳達訊息給人瞭解，同時也能配合畫面的旁白，音樂等效果來達成 CM 主要目標。

電 . 台 . 插 . 播 . 種 . 類

短時間插播	10秒
長時間插播	20秒
	25秒
	30秒
	40秒

電台CM播放時間標準

節目時間	CM時間
5分鐘	30秒
10分鐘	1分
15分鐘	1分30秒
20分鐘	2分
25分鐘	2分15秒
30分鐘	2分30秒
60分鐘	4分

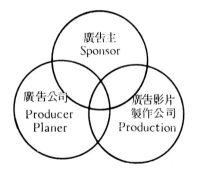

廣告主與廣告公司與廣告影片三者之間的關係

參考廣告學　樊志育著

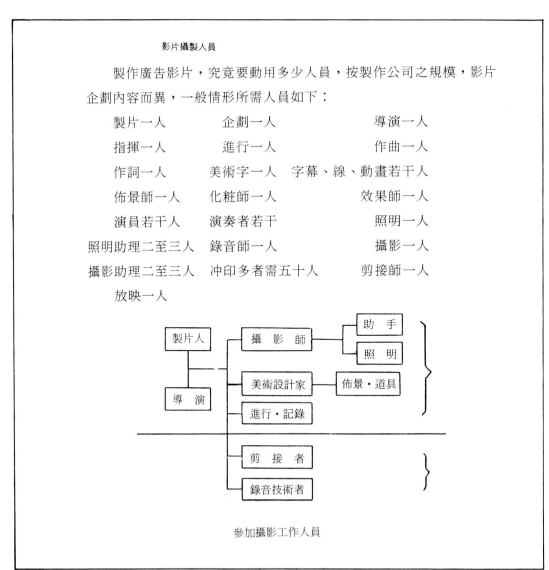

影片攝製人員

　　製作廣告影片，究竟要動用多少人員，按製作公司之規模，影片企劃內容而異，一般情形所需人員如下：

製片一人　　　　企劃一人　　　　　導演一人

指揮一人　　　　進行一人　　　　　作曲一人

作詞一人　　　　美術字一人　字幕、線、動畫若干人

佈景師一人　　　化粧師一人　　　　效果師一人

演員若干人　　　演奏者若干　　　　照明一人

照明助理二至三人　錄音師一人　　　攝影一人

攝影助理二至三人　冲印多者需五十人　剪接師一人

放映一人

參加攝影工作人員

(C)影像（video）

影像是電視上 CM 特點，電視之所以與收音機不同在影像，電視的 CM 為了吸引不同年齡的注意，在推出一個 CM 廣告時，總是挖空心思，有的是年齡為出發點如機車廣告，有的是人性為出發點如「媽媽心，豆腐心」這樣廣告，其它有的是以安全感為訴求保全公司，「一有風吹草動；中興保全立刻出動」的影像。當然為吸引觀眾注意可能請名星拍 CM 是最常見的。

菲仕蘭幼兒奶粉——
1、2、3進行曲篇　　30秒
創作意圖
菲仕蘭幼兒奶粉，是給1、2、3歲寶寶專用的。
表現方式
1、2、3歲是寶寶活動量大的時期，此時，所需營養也要充足，菲仕蘭幼兒奶粉每天三杯，就能提供1、2、3歲幼兒成長所需營養，此片利用一群1、2、3的寶寶，配合音樂跑跳，表現此階段兒童的活潑，並說明菲仕蘭幼兒奶粉是屬於他們的營養補充物。
歌曲（音樂）
曲：陳揚，曲名：第一國民健康操
旁白
・1、2、3每天三杯菲仕蘭幼兒奶粉，是給1、2、3歲寶寶專用的。
・1歲、2歲、3歲、我們的～菲仕蘭♪

●廣告代理／國華廣告公司
●影片製片／飛霖影視公司
監製／黃蕙清　導演／王財祥
企劃／丁郁文、李曙初、楊憲仁
錄音／鳴岐錄音室

裕隆飛羚102——　　60秒
柔中有勁、勁中有美篇
創作意圖
藉知名影星鍾楚紅艷麗富動感之外型，強調商品性能之優越。
表現方式
以商品不同角度、功能、特性搭配鍾楚紅之演出，分別表現商品的強勁性能，柔美線條、齊全配備，充分傳達〝柔中有勁、勁中有美〞的商品概念。
旁白
柔中有勁、勁中有美，飛羚102新上市。
獲獎
12屆時報廣告獎佳作

●廣告代理／國華廣告公司
●影片製作／香港CENTRO公司
企劃／林振鼎
腳本／林錦堂、莊大康

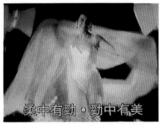

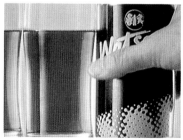

統一來一客杯麵　　30秒

創作意圖

熱情需要快速傳遞，來一客／
1.鞏固來一客在杯麵市場的領導
地位。
2.持續強化來一客是年輕人熱情
傳遞的品牌印象。

表現方式

美味、熱情、隨時享受是來一客
的品牌個性，在影片中來一客化
身為一位活潑、禮貌、隨時傳遞
熱情的年輕人，他是年輕世界的
代言人。片中透過來一客代言
人，表現紳士風度為女仕開門，
見義勇為幫助駕車技術不精的寵
物駛停車，為小孩拿下樹上的風箏
等行為，快速傳遞熱情，將來一
客的個性表露無遺！

歌曲（音樂）

主唱：周華健、曲名：期待更多

旁白

ONE MORE CUP, ONE MORE
PASION。

●廣告代理／華威葛瑞廣告公司
●影片製作／達輝影視公司
ACD／廖國盛　COPY／劉錫鍾
AE／陳志忠、李慶隆
製片／張鴻欽

屈臣氏沙士　　20秒

創作意圖

沙士中的沙士，一口暢快到底，
屈臣氏沙士／
1.香港屈臣氏沙士上市訊息告知
2.強調屈臣氏沙士是來自香港，
品味不凡的進口沙士。

表現方式

在琳瑯滿目的沙士牆中，一年輕
人不受品牌的迷惑，尋找屬於自
己的沙士，香港屈臣氏沙士正獲
年輕人的青睞，打開拉環暢飲一
口後，舒暢的聲音震動一杯杯的
沙士，所有的沙士均經不起考
驗，終於全面瓦解，年輕人依然
揚首闊步，暢飲手中的屈臣氏沙
士，恰似屈臣氏沙士品味不凡，
超乎想像的獨特口感。

旁白

就是它，香港屈臣氏沙士，
SLOGAN：來自香港的屈臣氏沙
士！

●廣告代理／華威葛瑞廣告公司
●影片製作／年太影視公司
●ACD／廖國盛
AE／謝慧華、林美娜
製片／張鴻欽

四、報紙廣告媒體

報紙（Newspaper）是國內目前最大媒體；報紙廣告有下列的特點：

(一)報紙發行的地區可以遍及全省，台灣目前至少有一百萬份報紙送到訂戶的手中，因此報紙幾乎可以在交通便利的今天，普遍傳達，廣告亦可以天天與訂戶產生密切的關係，每當推出新產品信息，可以讓人馬上知道。

(二)報紙廣告媒體任何地方都可以運用，各地方都有報紙廣告代理商非常方便。

(三)目前報紙有早報、日報、晚報、因此時間運用上為最佳媒體。

(四)在媒體的編排上的優點有，版面大、篇幅多、讓廣告主可以充分利用。

(五)報紙和新聞編排，對於廣告閱讀率和廣告傳達效果有直接影響，功能比較能發揮。

(六)報紙與廣告主之間改稿或截稿時間比較好控制。

(七)報紙版面尺寸與色彩運用

(A)版面和尺寸規格名稱

報紙可分為——全批、全十三批、全十批、全五批、全一批、半十批、外報頭、內報頭。

如圖

(B)報紙稿的印刷用色特性

目前報紙是用彩色印刷，對讀者在廣告上能產生親切感與生動化，同時具有刺激讀者購買慾的功能。

一般報紙的印刷套色是四色印刷，近年來隨國內印刷業進步，報業引進最進步印刷機，效果十分清晰，速度與印量又大印刷方式可分三類

(一)套紅色（黑色套紅）①黑白廣告②彩色（四色）所謂四色指的是洋紅（Magenta），藍（Cyan）、黃（Yellow）、黑（Black），四種顏色的濃淡來套色。套紅色是代表色也有套綠、套藍、套紫等其性質皆是以套色名相同。顏色的濃淡是用百分比來計算 M50 + Y60，Y20 + M30，BL20 + M50 等等。

(二)套色的成功與廣告設計表現的方式不同有關，而不是套色多少，往往有些成功設計只是黑與白的套色。

(三)顏色的使用應顧及全體的感覺，若有底色時應用較細文字或者是線條，這樣才能使主題更為明顯。

台灣松下電器SUPER BIG系列稿

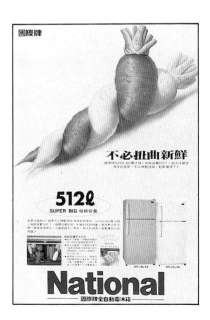

● 報紙稿設計

報紙廣告面積計算圖例

130行	65行
全20段（批）×130行	牛20段（批）×65行
全13段（批）×130行	
全10段（批）×130行	牛10段（批）×65行
全8段（批）×130行	
全7段（批）×130行	
全6段（批）×130行	
全5段（批）×130行	牛5段（批）×65行
全3段（批）×130行	
全2段（批）×130行	
全1段（批）×130行	

參考廣告學　樊志育著

報業式組織編制

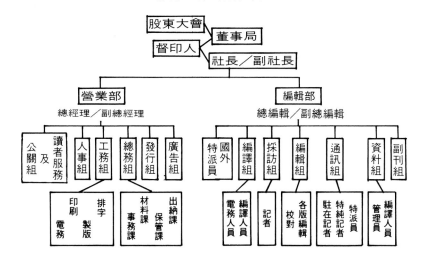

46

稿件處理流程表

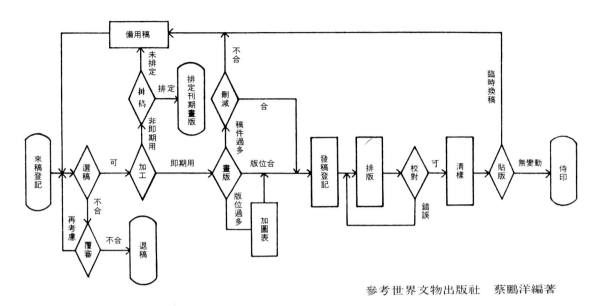

舊有與七十八年元月份起新的標準規格尺寸比較表

批　數	舊有版面型態		新（變更）版面型態	
全　版	50　公分	＊37　公分	50　公分	＊37　公分
全13批	30.8公分	＊37　公分	32.4公分	＊37　公分
全10批	24　公分	＊37　公分	24.9公分	＊37　公分
全 9 批	21　公分	＊37　公分	22.3公分	＊37　公分
全 6 批	13.8公分	＊37　公分	14.8公分	＊37　公分
全 5 批	11.8公分	＊37　公分	12.8公分	＊37　公分
全 3 批	6.8公分	＊37　公分	7.3公分	＊37　公分
縮三批	5.9公分	＊37　公分	6　公分	＊37　公分
全 1 批	2.2公分	＊37　公分	2.4公分	＊37　公分
10段外報頭 A	18.5公分	＊ 8.5公分	24.9公分	＊ 8.5公分
7段外報頭 B	18.5公分	＊ 8.5公分	17.3公分	＊ 8.5公分
5段報頭下 A	6.8公分	＊ 4.5公分	12.4公分	＊ 4.7公分

五、雜誌廣告媒體

雜誌廣告媒體可以說是國內的第二大媒體，尤其經濟所得提昇及教育普及，因此國內雜誌近年來幾乎每個月都有新的種類出版，雜誌種類有休閒，旅遊，求知，貿易等等，其特點如下：

① 雜誌保存時間比較長，因此有再閱讀特性。

② 雜誌發行的範圍廣泛，可以銷售全國地區。

③ 雜誌因為紙質比較好，可以印出較好的效果，增加廣告的效果。

④ 雜誌編排上可以不受篇幅限制，也同時可以編排變化以增加讀者的興趣。

(A)一般雜誌廣告的版面及尺寸名稱

① 常見的雜誌開數大小有，4 開（8 開跨頁），菊八開 16 開，32 開。

② 雜誌廣告版面有封面裡，內頁，單色（黑白兩色）及彩色或直式⅓或橫式⅓頁，同時跨頁，插頁等。

●汽車廣告　雜誌廣告印刷精美，表現的效果良好，同時以不同的角度表現汽車的美

③有些雜誌是 8 開大其內面廣告頁是 16 開
大，主要是要吸引消費者的注意，引起
讀者翻閱性趣。

(B)**雜誌廣告用色特點：**

一般的雜誌廣告是四色印刷，大致可分為
①黑白廣告②套色廣告③彩色廣告。

①雜誌廣告印刷，同樣需要標色如 M50 、
或 Y20 等

②若紙質較好，印刷顏色會比較精美；一
般銅版紙效果較好，但因磅數不同；成
本也比較高。

③雜誌廣告印刷特點是網線愈精密印刷線
愈大，如 175 線網目，由於銅版紙的印
刷比較精美，所以廣告效果也比較好，
相反的模糊紙因為粗糙，效果就比較不
精美。

④雜誌廣告為了美觀除了使用精密網線之
外，還有很多的印刷表現，如在背景做
出很多變化或者上多次或者漸層網，淡
網等，當然效果處理好壞除了設計者因
素外，印刷技術與機器好壞有很大的關
係。

⑤版面的編排方式則是與廣告和全文的配
合為主，以能清晰而明朗同時，讓讀者
看到這廣告主題是最主要。

● 美敦紙樣

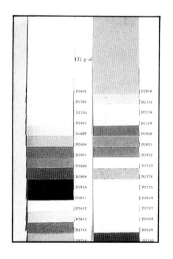

● 上綺紙樣

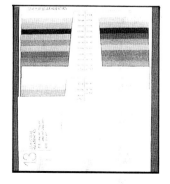

六、其它媒體的廣告

一、直接信涵廣告（DM）

目前最近國內的一種新的廣告形式，目前
最常見的是房地產的廣告，原因是配合著房屋
上市以該地區為一定範圍，容易給人有創新感
，尤其如果富有變化創意，則更能引起購買者
注意。並且不受時間因素影響，可以配合人力
進行廣告。但往往直接信涵也有許多的限制和
缺點如①範圍只能限於該地區②媒體費人工或
郵費。③有些讀者不感興閱讀就丟棄。

二、電影廣告

電影廣告由於受到國內電視的競爭之下，
所以廣告量減少，但電影廣告也有其優點，如
：

①不受到時間，秒數限制，因此廣告重點
容易顯現。

②音量效果好，讓人有真實感。

其缺點是 ● 限於電影院中，看廣告人有限
。

● 受到觀賞影片前心情影響而使
廣告效果打折扣。

三、電台的廣告

電台廣告主要是靠聲音，電台廣告有其特
點

①廣播的時間，地點都不受限制。

②如有突發消息或者是新聞可以隨時插播
。

③成本比較低；製作週程比較容易。

其缺點是 ● 時間一過很容易忘記。

● 不能忠實而生動的記錄下來。

四、交通廣告：

指的是公車廣告，包括幾項①車內廣告：
所謂車廂廣告。②車外廣告：公車廣告其優點
是，車子所經過的地方可以收到較好的廣告效
果由於每天上下班民眾多，因此可以增加民眾
的印象。其缺點是：範圍仍然有限，傳播的範

圍仍然不夠，其次由於公車有行的速度關係，因此文案比較欠缺，說明性也比較少。

五、戶外廣告

一般所謂的戶外廣告指的是：招牌、廣告霓紅燈、氣球、看板、電線桿上的吊牌廣告、廣告塔或電視牆等等。

戶外廣告有其優點：

▲戶外廣告可配其霓紅燈變成多樣色彩，招引一般民眾注意。

▲戶外廣告說明性比較直接而同時能告訴消費者地點所在。

▲戶外廣告費價格上不貴。

▲戶外廣告可視廣告的預算經費多寡而做簡單或複雜的設計。

▲戶外廣告可以配合商品的活動做比較適當的設計。

其缺點則為：

▲戶外廣告只能在小範圍內。

▲戶外廣告很容易因為颱風季節而被破壞。

▲戶外廣告可能因為規格不一，而造成大環境不夠整齊。

六、一般購買時定點POP廣告

POP廣告是國內三年來最為流行的一種廣告，用於一般商場，百貨公司，商店，舉凡商業或相關活動皆可以使到，範圍十分的普及，因此受廣告業者喜愛，其優點則：

①設計方面容易，同時成本較低。

②任何地點皆可以配合。

POP的缺點則是：

因為是用麥克筆寫或廣告顏料，非印則品，所以容易褪色，廣告也不易保存。

● 汽車整體設計

●戶外招牌廣告—以藍色代表企業主色

16頁 （套版）

16頁 （套版）

32頁 （輪轉）

12頁 （輪轉）

16頁 （輪轉）

36頁 （輪轉）

4頁 （套版）

4頁 （套版）

8頁 （套版）

8頁 （套版）

51

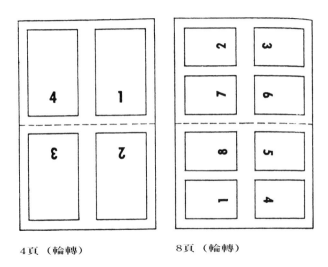

4頁（輪轉）　　　　　8頁（輪轉）

參考廣告印刷設計　林正義著

以下八個版面設計圖以跨頁版面為例。
雖然版面設計不同，卻有獨特之統一性。

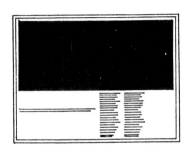
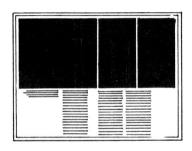

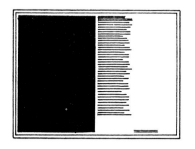
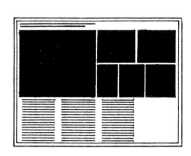
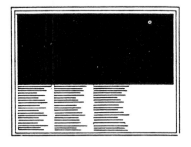

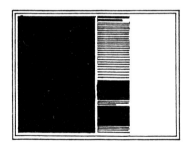
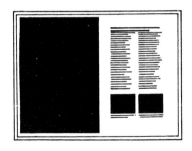
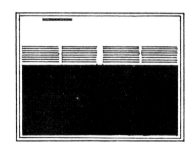

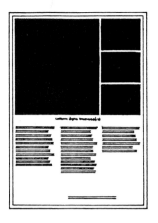

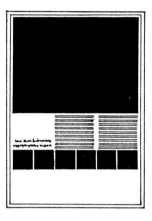
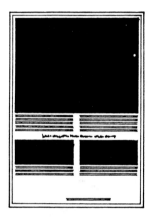

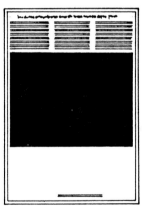

1.跨頁

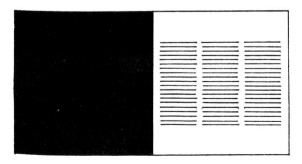

2.版面較小文字採雙欄

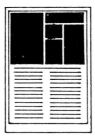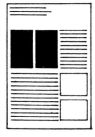

3.跨頁

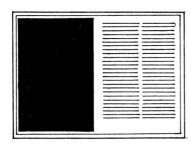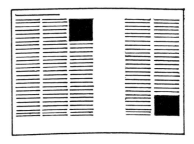

第九章
廣告代理業任務
類別及組織功能

現代企業，市場的營運成敗關係著企業生存能力，好的廣告媒體活動的策劃則是企業本身能力所不及的，因此必需依靠廣告代理，尤其今日為廣告競爭時代，廣告代理業對企業需求是與日俱增。

㈠台灣代理業的背景簡介

台灣最早有廣告代理業制度為民國五十一年，此一時期完全是「被動接受期」（顏伯勤教授著廣告學），之後由報紙提供給商品銷售消息時，獲得較好的效果，慢慢吸引了廣告主，又稱為主動爭取時期，由於有業務員，又稱為「業務員時期」。之後又有小型代理業產生的第三期，到 1972 年時至現在廣告代理業隨廣告業發達日趨茁壯──直到現在。

㈡廣告代理業應具備條件：

▲必需有建全的人力組織，包括了有業務部、媒體部、設計部、公關部、財務部等相關人員配合。

▲必需有足夠的資金，如果沒有龐大的資金，無法應付各部門的開銷，週轉金不夠，難以營業。

▲必需有科學化管理。

▲對媒體有正確認識。

▲擁有專門人材，各部門都必需有經驗人材才能夠使業務發展順利。

▲要有責任感，必需對受委託的廣告主做的盡善盡美。

▲要培訓人材的制度，雖然目前台灣廣告公司人材流動頻凡，但人材培訓對整個國家發展廣告水準互有幫助。

一、國內廣告代理業介紹

國內廣告日益的興盛，相對的廣告代理業也日益的興盛；大部份的廣告皆必需透過代理商來企劃與製作；達成廣告的促銷目的。

廣告代理業主要任務

①市場上的調查與開發研究

一般的產品廣告開始為了在市面上競爭，一般都是先要透過廣告業主的市場調查，瞭解廣告，消費者，企業關係來達到該產品定位。

②企劃

將所收集到資料加以分析，進而對於廣告商品有所定位廣告目標有所方向。

③廣告設計與製作

在廣告代理商的企劃策略中，廣告設計是表現廣告的方式之一，因此廣告代理業的設計與製作有一群專門性的組織如───藝術指導（Art Director）、美術設計人員（Art Desingner）、完稿人員（Art Work Finished）等人員配合。

④文案撰寫

對於廣告的文案撰寫，都由產品生產者與廣告代理業初步溝通，進而能夠在廣告產品特色上寫成文案，但往往廣告代理業對文案撰寫決定是經過討論後才能完成。

幫助廣告產品生產者與消費者的良好關係：例如；商品的發展的行銷與企業活動報導。

二、國內廣告代理業分類

①綜合性廣告代理業

此一形式為國內廣告代理業主體；也就是可代理一般的廣告如食品、衣、住、行等，皆可以說是在廣告代理範圍，同時對於電視、報紙、廣播，戶外等廣告有其能力者皆可說是綜合性廣告代理業。

②專業化廣告代理業

也就是說廣告業主只有在某一方面有其服務的功能，同時在這方面有所良好信譽，而成為專業化廣告代理業，大概又可分為：

(A)電視電影廣告代理業：目前電視分為九十秒，六十秒，三十秒，二十秒，十秒等五種。

(B)公車車廂的廣告代理業：這方面是指對各地公車的廣告具有企業的能力。

(C)店頭廣告：指的是一般 POP 製作，如平面海報或者是吊式的 POP 廣告，近幾年來頗受一般商店歡迎。

(D)房地產廣告：國內廣告業近幾年來隨著房地產的景氣上揚，房地產廣告十分熱絡，在房地產廣告中須具備大市場的調查人員，對於房地產整體的銷售、企劃、設計與製作有能力者。

③分類廣告代理業

在我們每天報紙可以看到的是分類的小廣告之類就是。每天派有專門人員，向各公商廣告業主，收取分類廣告。

④**工程廣告代理業**

如一般展覽場地或者是路牌、招牌等廣告的代理業。

三、廣告代理商的組織介紹

廣告代理商因為經營者的不同而有所不同；例日本與歐美就有很顯著的不同，大致可分為：

- 經營者（President）
- 人事部門（Personnel）
- 財務部門（Finance）
- 公關部門（Public Relations）
- 業務部門（Account Executive）

- 市場調查部門（Marketing Reserch）
- 企劃部門（Planning）
- 撰文（Copy Writer）
- 媒體部門（Mdia）
- 創意部門（Creative）
- 美術設計部門（Art Design）
- 攝影部門（Photography）
- 影片部門（Commerical Film）
- 電腦處理部門

廣告公司有所謂 Team Work——小組作業，來達到腦力激盪的目標。

—— 聯廣的組織與人員 ——

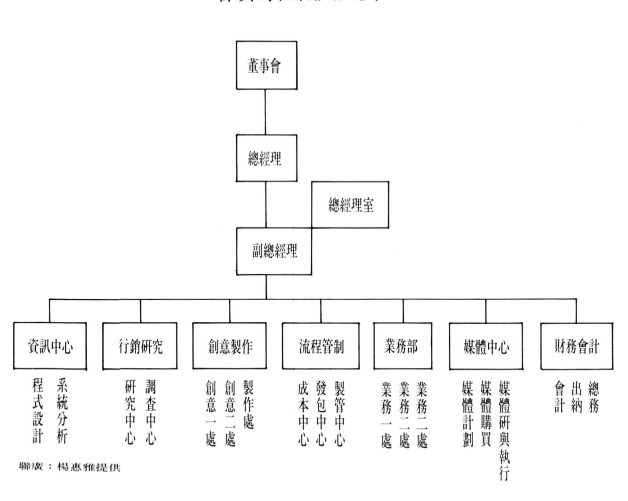

聯廣：楊惠雅提供

四、廣告代理商各部門的組織機能

1.經理部門

董事會下設董事長一人，董事長下設總經理一人，內有廣告經理，主要是負責廣告作品的審核，預算，效果評估與人事考核。

2.文案部門

是負責文案方面的處理，如文案編排，撰寫文稿。設有文案部主任

3.媒體組織部門

負責媒體接洽聯絡事宜，對於電視，報紙、電台的媒體性質之型態，選擇媒體，設有媒體組主任。

4.銷售部

主要任務是開拓銷售網線，擴充網路及行銷之事宜之廣告配合。

5.公關部門

主要是負責對外的公共關係部門，例如對外發佈新聞連終廣告企業相關事宜，設有公關組主任。

6.美術組部門

設有美術組主任，內編制有美術指導（Art director），另下設有攝影管理員（Studio manager），形象化人員（Visaalizer）。美工主任負責指導美工企劃工作。

7.財務部門

有則務主管，審查稽核人員，會計人員，負責廣告媒體的費用調整及向廣告主請求媒體策劃廣告之費用。

五、以國內聯廣公司為例，廣告公司結構及服務性質

聯廣的信念是以①謙沖致和，開誠立信②人性化，合理化的經營管理哲學③屬於中國人的廣告公司。

聯廣的目標是希望：躋身世界和知名廣告公司之稱，為純由國人經營的廣告公司，奠定新里程碑。

對客戶而言，聯廣希望能成為「符合期望和滿足客戶需求的廣告公司」。

具體而言「能長期，有效率的，不斷創造有效果的廣告，提高客戶產品的銷售額」。

有效果：必須將行銷需要或問題轉換成為廣告欲達成目標。

有效率：配合市場上不同的需要以合理的成本適時提供服務，且具有彈性。

長期：透過作業管理制度持續以上服務，經驗能一貫傳承，累積客戶品牌。

聯廣公司組織及人力資源現況說明：

是目前台灣最有聲譽廣告公司；現在員工為 150 人；以客戶為主要作業部門為業務部；創意部、製作部、流程管製中心、企劃部（含有媒體企劃及行銷企劃）媒體中心；研發中心等；除了總經理；設有執行副總，業務副總及創意總監。

業務部分為三處；共有員工 42 人，現有資深人員包括 GAD 二人，AD 六人，AS 八人等。業務部平均年齡 28.5 歲。

創意部門內共有 43 人，平均年齡 28 歲，除 ECD 一人外，另有 CD （創意總指導）一人外，各組並設資深指導 1 人。

流程管製中心各部門工作協調，品質管制及發包控管單位，共有員人 6 人。

企劃部份為媒體企劃，行銷企劃兩組；納入業務作業編制，提供相關服務，現有員工 8 人。

媒體中心為國內規模最大之多媒體執行單位，民國八十年發稿量 11 億多元，電視的 7 億多元，報紙約 3 億元；共有員工 216 人，依工作性質可分為立體執行；平面執行組，企劃組，資訊組等。

聯廣能供提服務包含有：

①市場研究及調查執行。

②行銷規劃及策略建議。

③企業暨品牌形象建立之建議。

④執行製作（創意發展，廣告製作，印刷……）

聯廣的服務項目內容：

①年度廣告活動及任何短期廣告活動計劃。

②市場特定問題解決之看法與建議。

③新產品開發協助商品化相關項目之建議。

④任何平面製作物。

⑤任何立體製作物。

⑥包裝設計。

⑦通路及消費者促銷活動建議。

⑧各種媒體計劃擬定；購買；監督播出。

⑨各種調查及行銷研究

● 廣告事前事後效果測定。

● 零售店調查。

● 全省消費者行為大調查。

● 消費者熱度調查。

● 產品測試。

● 包裝測試。

● 產品概念測試。

● 脚本測試。

● D—A—R 。

Jgentral Location Test

（和信傳播集團　林碧翠　楊惠雅提供）

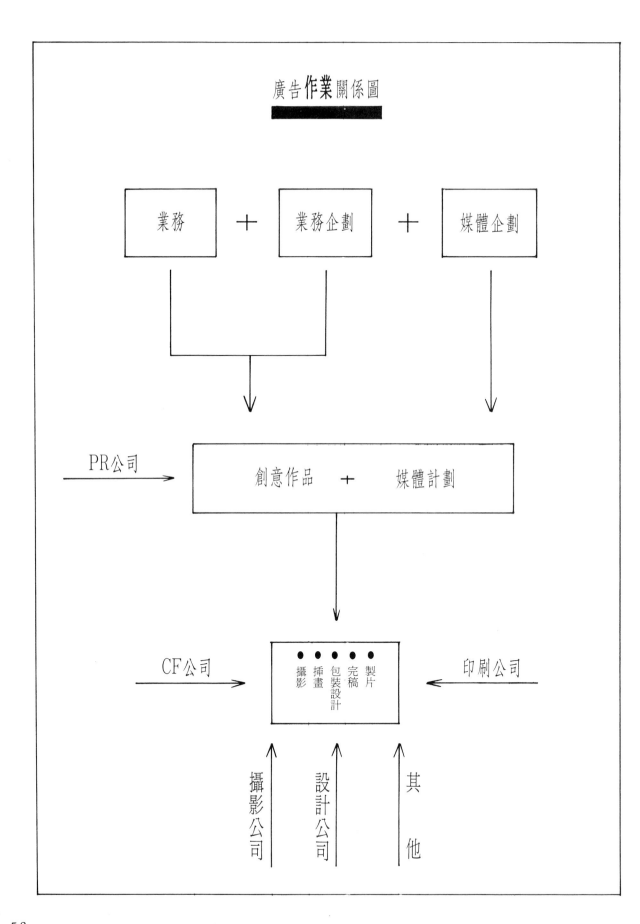

廣告作業關係圖

業務 ＋ 業務企劃 ＋ 媒體企劃

PR公司 →

創意作品 ＋ 媒體計劃

CF公司 →
●攝影 ●插畫 ●包裝設計 ●完稿 ●製片
← 印刷公司

攝影公司 ↑ 設計公司 ↑ 其他 ↑

聯廣TVC CHECKLIST

● 這是聯廣創意人員對客戶提案通過以後，初步整理出來的CHICKLIST，做爲將來對製作公司BRIEF的依據。

● 這一份CHECKLIST，所有的創意人員、PRODUCER以及AE都應深入了解，並熟練運作。

● 這一份CHECKLIST的演化流程如下：

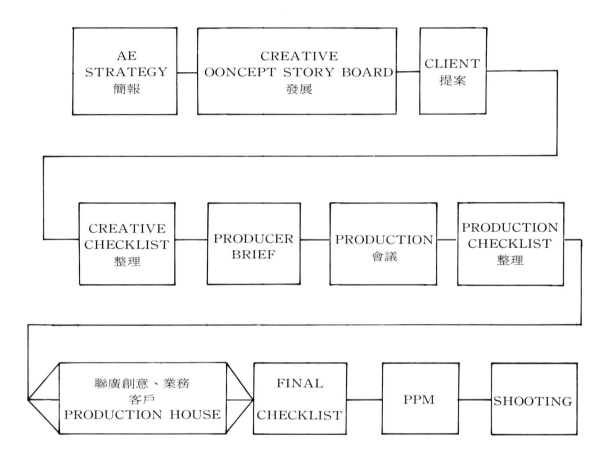

聯廣TVC CHECKLIST

CLIENT　　　　　　客　　戶：

BRAND　　　　　　品　　牌：

LENGTH　　　　　秒　　數：

SPECIFICATION　　規　　格：

JOB NO　　　　　工作卡號：

DEADLINE　　　　交 片 日：

BUDGET　　　　　預　　算：

1.SCRIPT文字脚本
以文字描述整個創意想法，並說明藉著此創意想法來表達創意概念的精神與情感，對於演出方式、視覺語言、畫面效果、時間性均應說明。
2.TALENT演員
①角色描述：性別、年齡、外型、個性（思想、行為、教育程度）。 ②服　　裝：季節性、質料、穿著場合、身份、色系、搭配的飾物、鞋、襪。 　　　　　　需不需要造型人員？定裝？ ③化粧髮型：白天或夜晚？濃粧或淡粧？ 　　　　　　髮型設計師需不需要到現場？ ④動物演員或手演員：什麼動物，需不需要訓練？手的演出方式如何？
3.SETS & PROPS 佈景道具
需要什麼佈景？有何想法？能不能提供圖片？有沒有特殊道具？訂做要多久時間？ 　（在FI NAL CHECKLIST裡，要有詳細的搭景圖，並記錄佈景的材質、色系、各種道具及配、灯光效果…）
4.LOCATION 外景
幾個外景？在那裡？何時完成勘景？需不需要搭外景？什麼樣的天氣？
5.PRODUCT 商品
數量多少？誰提供負責？系列產品以那種為主？要不要未貼的標籤、包裝？
6.SUPERS 字幕
確認字幕的字句、位置、顏色、出現方式。 一般字幕或標準字？ 要不要LOGO？標準色？ 拍攝時要不要預留字幕位子？

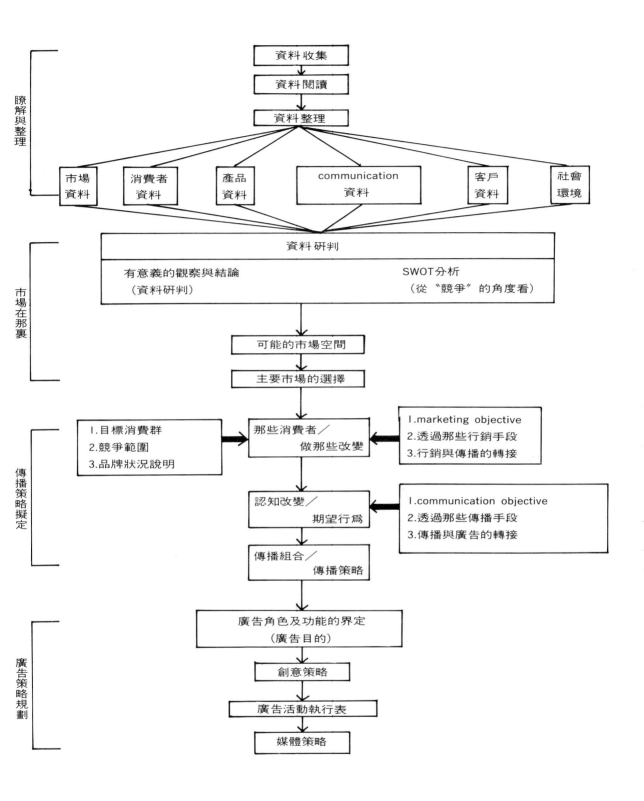

TVC 企劃 / 製作流程概要

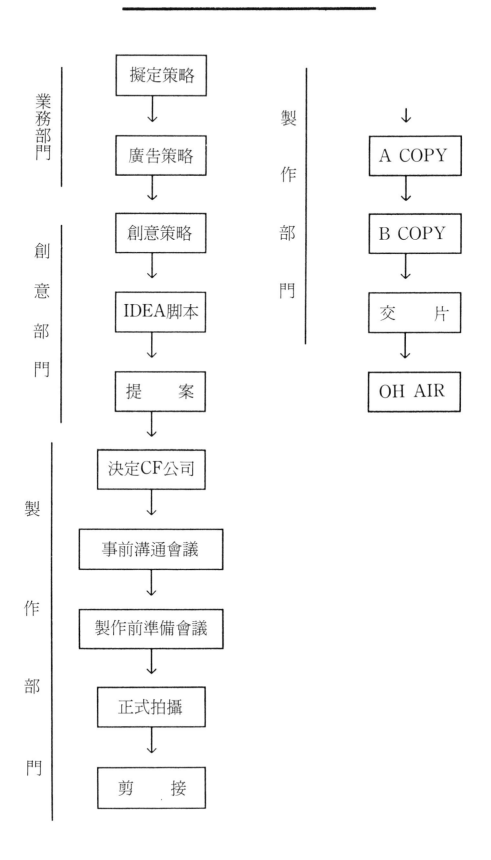

聯廣公司TVC製作流程

1.STRATEGY & BRIEF策略說明
參加人員：AE、創意人員（例在前者爲會議主持人） ● AE在會前先行提供完備書面資料 　　會中精確說明廣告策略、廣告目標及TVC之任務。
2.CONCEPT STORY BOARD發展概念脚本
參加人員：CD、創意人員PRODUCER ● 創意人員依據STRATEGY發展出CONCEPT，並以文字或圖案繪製，完成 　STORY BOARD。 ● PRODUCER視情況參加，提供技術備詢或有關廣告電檢法規問題。必要時脚本先 　行送審新聞局。
3.REVIEW檢討
參加人員：CD、創意人員、AE ● REVIEW所有CONCEPT STORY BOARD選擇其中好的脚本繼續發展（或重 　新發想）。
4.PRESENT TO CLIENT第一次提案
參加人員：CD、創意人員、AE ● 與客戶討論創意方向、表現概念、演出說明，讓客戶明白創意人員的意圖。 ● 備妥相關資料，必要時演練提案過程。 ● 客戶的意見記錄清楚。
5.STORY BOARD繪製脚本
參加人員：創意人員、插畫或AD,PRODUCER ● 插畫人員或AD了解創意表現與客戶意見之後，繪製完成企劃脚本，並以文字輔助 　說明每一畫面細節及旁白。 　最後經CD審核認可。 ● PRODUCER視情況參加，提供畫面表現或角度、轉接…等技術問題。
6.PRESENT TO CLIENT第二次提案
參加人員：CD　創意人員：AE ● 對客戶提案，依照順序說明：1.策略　2.表現概念 　3.創意主題　4.脚本 ● 記錄客戶的意見，做必要之修正。

●提案通過後創意人員盡快整理出初步的CHECKLIST。

（另附聯廣TVC CHECKLIST）

7.PRODUCTION HOUSE選擇製作公司

●創意人員BRIEF TO PRODUCER：將腳本、CHECKLIST、相關資料、客戶意見交與PRODUCER，務必詳盡。

●PRODUCER全力投入執行，對執行負總責。

並與創意人員產生共識與工作默契，共同對執行督導負責。

●PRODUCER對腳本全盤了解後，針對腳本之製作表現提供最適當之製作公司（兩家或兩家以上）進行比價選擇，以製作品質、時效掌握做判斷，不全然以製作費高低做取捨。

●PRODUCER要審核估價的每一細節，最後由CD決定製作公司。經由PRODUCER開立估價單，交AE向客戶提出。

8.PRODUCTION MEETING製作會議

參加人員：PRODUCER,CD創意人員、AE、製作公司

●PRODUCER連繫製作會議，提供製作公司相關書面資料，包括：企劃腳本、CHECKLIST、創意概念、TVC的任務，會中並請創意人員再說明表現概念及原創精神，越詳盡越好。

●導演在聽取有關細節後，準備整理製作腳本。

●PRODUCER與製作公司保持密切之連繫，所有訊息均應透過PRODUCER連繫於製作公司與聯廣業務及創意之間。並規範製作公司不得直接與客戶連繫。

9.PRE-PRODUCTION MEETING拍攝前準備會議

參加人員：PRODUCER、創意部門、AE、製作公司、客戶。

●導演提出製作腳本及更詳細的PRODUCTION CHECKLIST，在CD及PRODUCER認可後，再向客戶提出。

●PPM會議不限定次數，直到每一細節都詳盡清楚爲止。

●PRODUCER應記錄每一會議之決定事項。

●PRODUCER最後擬成一份FINAL CHECKLIST，這一份LIST是經客戶、聯廣、製作公司，依據原有之CHECKLIST所衍生而成，是所有與會人員所共識認可的，經聯廣的CD簽字，所有的製作細節、創意表現都規範在裡面，製作執行與影片驗

10.SHOOTING拍攝

參加人員：PRODUCER

● 所有的拍攝動作，準備事物都離不了PPM會議裡所決定事項的範疇。

● 現場只有PRODUCER有監拍任務，若客戶到場則請AE到場。創意人員可與PRO-DUCER協調，視情況到現場。拍攝現場PRODUCER應維持單純的人員出現，除了廣告片是業務機密的理由外，應給予導演不要過多的干擾。現場所有的問題均應透過PRODUCER來溝通於客戶、聯廣創意人員及導演之間。

● PRODUCER必需掌握協調現場之功能，不影響導演演出，在原創之下，盡量給予導演創作空間。

11.CHECK RUSHES檢視毛片

參加人員：PRODUCER

● 仔細檢視影片之色彩、構圖、運鏡、視覺效果是否理想，有否補拍之必要。

● CHECK剪接時間。

12.EDITING剪接

參加人員：PRODUCER

● 剪接作業時，可能會與SHOOTING BOARD之結構有出入，不反對導演對於剪接意念有不同的傳達方式，但對於原來執行的製作腳本之剪接必先完成。

● CHECK客戶看ROUGHCUT時間。

13.ROUGH CUT （A COPY）看片

參加人員：PRODUCER 、CD創意人員、AE、客戶

● 粗剪完成的影片，需經CD與PRODUCER看過，認為妥當，再提供給客戶看片。

● PRODUCER必需督導影片在符合主題之下剪接完成，根據FINAL CHECK-LIST來說明旁白及音樂、字幕的位置，尚未處理的效果…等等，使客戶易於明白。

● 是否需要重剪，並做成重剪之記錄，約定下次看片時間。

14.RECORDING & MIXING錄音

參加人員：PRODUCER

● 現要監督：

1.播音員之音質與語氣。

2.背景音樂是否適當。

3.音效及混音是否理想。

15.FINISHING （B COPY）看片

參加人員：CD，PRODUCER， AE，客戶

●在VT FINISH製作完成的過程中，PRODUCER必需監督畫面特殊效果、字幕、商標的位置大小，是否符合創意之要求。

●FINISH TAPE必需經CD認可，再提供客戶看片。

16.LICENCE APPLICATION電檢

●PRODUCER在初步腳本通過時，即應連繫或提供商品有關證件資料，如：進口證明、衛檢、商標登記、公司執照、音樂證明……給予製作公司，以便如期取得執照。

●電檢如遇問題，應迅速查明原因，尋求解決。

17.STATION COPIES播出帶

●製作公司送來播出帶與執照，PUODUCER塵仔細檢查並CHECK，無誤後再交AE轉送媒體處。

●存檔帶應建檔保管。

●執照有效日期應做登錄，並定時通知AE准演執照之到期日。

18.請款作業

●交片後，PRODUCER需將製作公司送來之發票經核對後，呈報財務部門處理。

●有關TVC作業之款項，聯廣財務部門需核對是否有PRODUCER簽字，始予付款。

PRODUCER角色功能

1.對創意執行及督導負完全責任。

2.為影片製作增加製作價值。

3.提供製作資訊及製作情報。

4.掌握製作公司之製作功能、品質、時效。

5.協調製作問題、解決問題。

第十章
名片、DM、商標
標準字、月曆設計

名片設計的基本要素：

名片、信封、信紙之應用，在公司企業機構中；可說是不可缺乏的印刷品。在一般的信函之往來中，加深對方的注意，並且增加印象。一方面有互通訊息之外，另一方面具有推廣的作用，因此精美的設計，無形中讓對方產生一種信賴感。因此對名片設計的內容應注意。

信箋的內容包括下列幾項

一、公司名稱

二、地址

三、電話

四、商標或標準字

五、宣傳標語等

各公司通常有專門的信封信紙，可凸顯該公司的形象。

設計重要法則：

對稱法則：左右平均，能給人一種穩重、安定、秩序威嚴的心理感覺。

均衡法則：在圖案的形狀、位置、面積的安排上能恰到好處。

單純法則：在整體文字與線條力求單純，避免造成閱讀者注意力之分散。

比例法則：長度比、寬度比、面積等比例，能與其他單元要素成合諧比例。

調和與統一法則：空間太多或太少都會產生混亂，因此如向者版面做總合整理，並且使每一個要素相符合。

名片設計上畫面插圖的應用：

名片設計圖案選擇一般大致可分，具象圖案與抽象圖案。

具象圖案設計：●如果用攝影表現則容易明顯強調出廣告商品的真實性。

●如果用簡單有力的插畫，與真實性則是迥然不同效果。

●若是在具象之中能有活潑的感覺則是吸引對方注意，並加深其印象。

商標或標準字 ——————————————

負責人之姓名 —————————————— 陳偉賢

新形象出版事業有限公司

公司名稱 —————— 明林美術用品公司·北星圖書有限公司 貿易部

地址 ——————————— 台北縣永和市秀朗路 二段5號

電話／(02)923-3593　　傳真／(02)921-4443

統 編號／34306037

電話　　　　　　傳真

●名片抽象圖案

抽象圖案設計：抽象圖案一般可分爲有機
形抽象及無機形抽象，也可分爲數理性抽象，
又稱爲幾合形狀抽象或者偶然形抽象

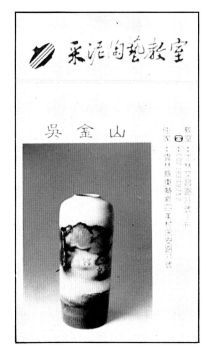

● 名片半抽象圖案

一、名片設計

名片設計主要目地是讓人加深印象，同時也可以很快聯想到專長與興趣，因此設計比較具有特色的個人名片，則必需要有活潑、趣味、並且能夠引起別人注意爲其共同特點。

個性化名片則是以個人姓名、地址、電話、公司名稱爲主要的內容。

趣味化的名片則是以打破傳統的格式，用人物、漫畫等趣味造形。

活潑化的名片則是以造型有活潑感願意親近，沒有距離爲前題。

目前國內印製名片風氣逐漸流行，設計名片已走向了專業化。

(一)國內印製名片大致可區分爲幾類型：

● 個性化名片設計，從事美術設計的年輕人，一方面將自己的得意作品設計在名片上，一方面將自己專長或公司作爲宣傳，彼此留下得意傑作。

● 女性在個性名片上，則比較喜歡用沙龍照；較能夠讓對方留下印象，同時讓對方知道電話、地址等。

● 新人結婚時；結婚的名字印在名片上，並且讓人加深其印象。

(二)名片設計的紙樣與印刷：

市面上的紙材種類繁多，具有各式各樣的不同性質的種類。

大抵可分爲：

A：銅版紙類

B：模造紙類

C：薄紙類

D：卡紙類

E：其他特殊手抄紙

薄紙：有葱發紙，毛邊紙，描圖紙；格拉斯紙；糖菓紙，聖經紙，招貼紙……等幾十種。大部份爲消耗性用紙。例如打字、報表、傳票、信箋、字典、食品包裝之類，相簿或集郵冊隔頁等。

卡紙：有銅版紙；西卡紙類，比較適用繪圖及紙盒的加工，如吊卡 POP、書籍封面、卡片等用途一般分爲 150 磅，200 磅×不等。

手抄紙：例如、麻紙、美術紙、雲龍紙、宣紙等（適用於國畫繪圖、包裝、信箋、美術加工、裝飾之用）。

模造紙：例如繪圖紙、證券紙、壓紋模糙。模糙紙等用途極爲廣泛，爲印製書籍或書寫，海報雜誌，信封信紙，美術設計等。

銅版紙：單銅版紙、雙銅、特銅與雪銅、主要用途是畫冊、書籍、型錄、月曆、海報用途。

一、若是有機形的抽象則是在畫面比較穩定同時又有律動感覺。

二、無機形抽象的變化，則給人一種比較活潑的感覺，在空間運用上比較迥異。

三、隨意抽象則是給人一種偶然的變化，同時能給人一種親切感與說服力。

富有個性的名片設計

名片、信封、信紙的色彩計劃

名片、信封、信紙除了白色以外有各種不同的底色,如何運用色彩與文字或圖案搭配上產生吸引力;則是非常重要,往往在商業社會的傳遞上,對個人或商業團體形象的建立是深具影響力的。

如何恰到好處的應用信封信紙;同時讓對方能產生印象,色彩應用確實是十分重要的,否則只會造成效果。

橙色:給人感覺活潑中帶有溫情、疑惑、忍耐、快樂活潑的感覺。

紅色:給人一種喜悅、溫情、熱心、活耀的感覺。

黃色:黃色給人則是一種活潑、光明、平和、忠誠的感覺。

綠色:給人有安忍、平和、平實、理想、純情、柔和的感覺。同時給人一種安全感。

藍色:有一種優美、神秘、永遠、高貴、溫厚、優雅權威感覺。

羅玉林
Eileen Lo

1210.畫展請柬　1211.大宇珍品VI規劃　1212.喜帖　1213.賀年卡　1214.請柬

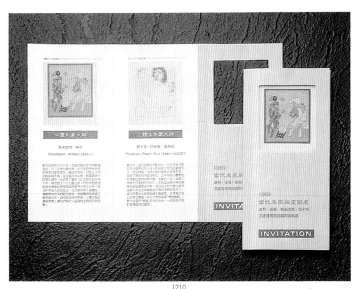

1210

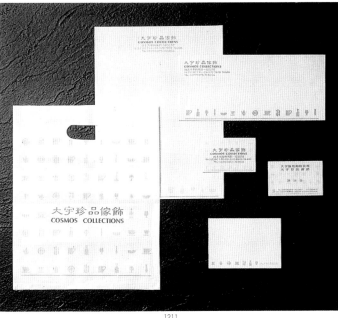

1211

1212

1213

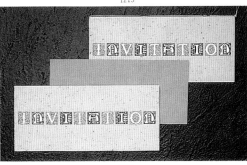

1214

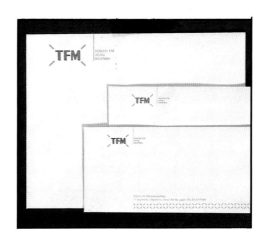

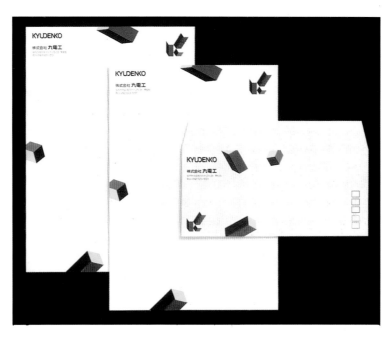

● 信封信紙設計

●信封、信紙與名片設計和目錄設計

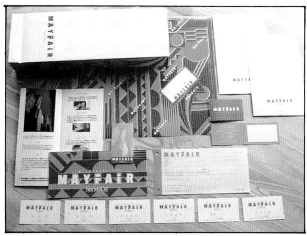

● 名片設計與企業色彩計劃相結合

二、 DM 設計

DM 設計程序必須要按步就班，作品好壞與設計的整個製作過程有密不可分的關係：

一、草稿

草稿乃是原稿的設計製作中，利用自己構想把抽象的意念表達出來。

草稿有三個作用

①紀錄性質——也就是設計師利用自己的意念來紀錄儲存，並且加以過慮，從中間選擇最好意念來設計。

②設計概念表現——藉由草圖使客戶與設計之間取得溝通，同時也能表達出設計的意念。

③正稿製作藍圖——草稿確定之後，將製作的程序例如攝影，構圖，標色等以爲根據。

DM 的設計製作草圖必需要用比較簡單的方式來表達，文字的編排設計，橫排和直排表現必需是預先構想，否則則容易浪費時間。至於在旁邊則可以標示出色彩，字體，尺寸作爲參考。

在許多的草稿當中，再找出一個比較理想的圖樣，然後再經過編排成與原稿同樣大小的圖樣，然後再重新的核對，圖與文的安排是否恰到好處。

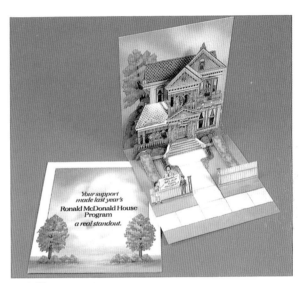

●立體DM 設計，增加吸引力

翁明源

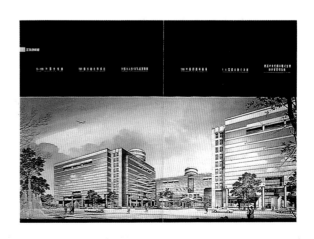

二、色稿的製作

色稿製作完成目地是在告訴客戶作品完成後的樣子，色稿的完成也力求完整性，才能給予顧客有信任感。

1 印製法：利用現有印製技術，如彩色影印機複製，並配合完稿，效果則比較良好。

2 手繪畫法——則是依照圖片圖形描繪出來，文字的設計配合打字或美工手寫，再應用各種的技巧法描繪，與原作的眞實性與印刷成品後接近。

三、印刷稿（黑白稿）

印刷稿是一張附有黑白稿件，內容色括了

攝影製作，插圖製作，排字及配色的製作。

印刷稿製作大概可分爲三大要求

1. 內容標示詳盡——文案內容要標示清楚，同時攝影底片要放大或縮小，位置，插圖色調上的變化，行距、字數；印刷色深淺標示，印刷尺寸大小，製作網目，都必需交待清楚。

2. 畫面乾淨——畫面上爲求乾淨，原稿部份最好能夠用描圖紙覆蓋，以免弄到污點，影響到印刷品的品質。

3. 印刷稿校對——印刷稿清楚之後，要清楚的完整檢查，標色，文字校對等是否有錯誤。

美蒲名店SP系列設計

媚如求減肥美容中心傳單

國泰信託說明書

四打樣

打樣是指印刷完稿清楚後，先透過分色在未正式印刷前嘗試做一次印刷，打樣後的色彩與色稿所要效果是否一樣。

五完成

DM 的設計完成是要讓客戶有完整性與變化性，同時也能夠使顧客滿意。

陳昭明
Jau-Ming Chen

635～639.雅哥汽車DM設計

635

637

636

638

639

吳旭東
Shiuh-Dong Wu

229～233. Timberland休閒鞋型錄

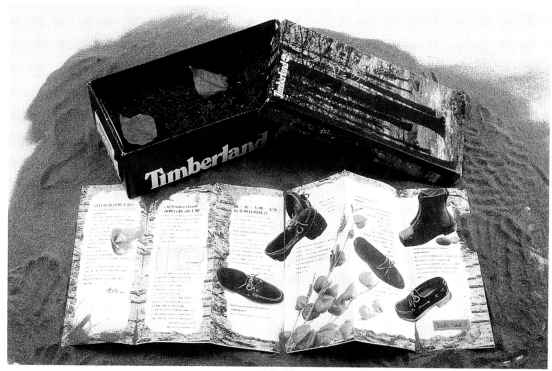

三、商標設計

商標設計（MARK），是目前國內企業中不可缺少一項設計，經由商標設計與媒體的關係，可以讓銷費者對該產品認識。

一商標設計與企業關係：

(1)好的商標設計給予顧客信譽保障。

(2)商標設計可以使人易於辨認商品，銷費者與廠商，均可獲得保障。

(3)可以加深消費者購買時的印象，並且有利於廣告宣傳。

A ● 抽象形商標設計

B ● 具象形商標設計

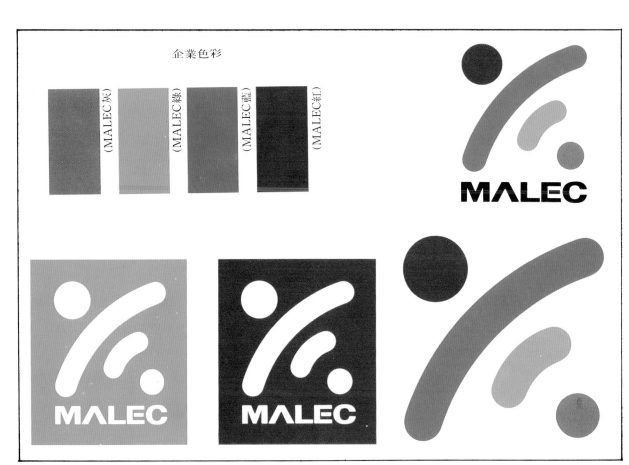

● 商標設計與色彩計劃

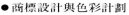

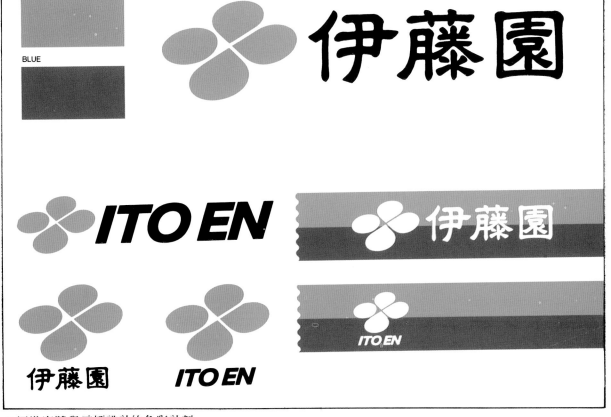

● 標準寫體與商標設計的色彩計劃

二、商標設計造型可分爲：

(1)圖形商標——如大自然中，動物、人物、神、器物、機械等設計。

(2)記號商標——乃是以結繩、紋飾、手指印、脚指印等中文或英文字體表現爲佳。

(3)象形文字組合商標——乃是利用象形文字、日月、山川、動物植物的圖形設計而或商標符號。

(4)幾何構成原理組成商標設計——例如點、線、面圖與地反轉、對稱、漸變、放射所設計。

(5)字體設計的商標設計—— 例如 IBM、SONY 等是字體的形式來設計。

三、商標設計過程

商標設計製作過程最理想情況是由企業家、美術設計人員、推銷人員等開會作了決定後

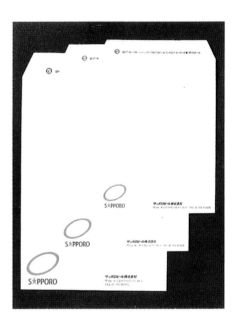

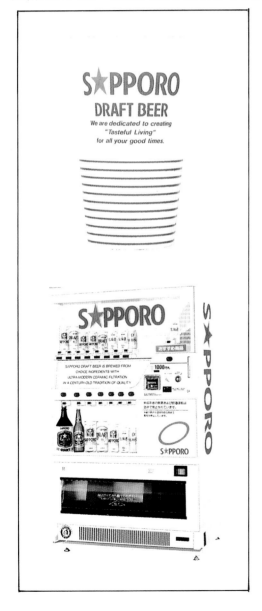

，經由美術設計人員完成設計製作完成，商標設計製作過程如下：

一、草稿

乃是設計者應用各種商標設計造型，如①圖形商標②記號形商標③象形文字組合形商標④幾何型的商標⑤字體設計形的商標設計出抽象的草圖。

二、修改

當草稿完成後可從不同種類的圖形中，經過大家討論後，再作一次問卷調查，經民衆反應後再做進一步修正以決定商標的形式。

三、完成

完成是由美術設計完稿人員配合，對於原來尺寸，一般是放大，尺寸，字體大小，印刷標色結構，甚至色彩都必須標示清楚。同時對畫面都必須要標示的很清楚。

四、標準字體設計

所謂標準字設計，與商標設計有分不開關係，所謂文字形或公司名稱的標準字體設計，標準字體應具有下列的要素

①能夠讓消費者馬上聯想到廣告或者商品或該公司企業。

②讓多數的讀者有好感。

③運用不同媒體上，讓讀者加深其印象。

④造型變化要多樣化，裝飾性強要給人有一種觀賞或記憶價值。

⑤標準字字體設計，細體字則表現出優美、高貴與花俏，粗體字則是表現出強度與積極性。

商標與標準字的色彩計劃

(一)商標與標準字色彩計劃重要性

在商業時代中商品的視覺傳達在媒體上，仍是透過所謂「標準色」設計，來達到心理與感觀上的刺激，進而對該產品的印象加深，在標準色企業行銷傳達上具有很強烈的識別作用。

色彩的應用在今日占有舉足輕重的角色，色彩與人們的生活是息息相關，同時色彩對於心理與知覺刺激產生了反應的，除此之外，由於宗教、社會風俗習慣，人文歷史演變似乎愈來愈與人們生活產生密不可分的關係，尤其是企業的商標，標準字的整體色彩計劃；成立企業形象建立和商品經營競爭營策略的主要武器。

近年來日本及歐美等各國家，一些大企業對於色彩上的應用比起國內似乎是進步了很多，反觀國內在色彩應用上是乎比較單調，近年來，由於國際資訊快速發展，國內企業在傳達色彩應用上已經開始重視，以達到企業的刺激與傳達的媒體上，能更吸引大眾。

國內民族性與國外有些不同，因此在企業識別的色彩應用上則有些差異，例如中國人在囍慶方面如食品方面就比較偏重於「民族色彩」。同樣產品也有不同的色彩，色彩的整體企劃已成為目前企業品牌工具。

(二)色彩計劃標準色設計方向

色彩計劃的成功與否，對整個公司形象或消費者的認知有很重大的關係，因此一般標準色的色彩計劃重點有幾個方向

● 整個企業形象的考慮：色彩計劃是首先要經過市場的調查，民眾對色彩的汞應，選擇其中一兩種「標準色」做為參考，最後經過大家討論；決定該企業形象的色彩，譬如說；日本的 HOKKOH 公司以藍色和淺藍色做為標準色讓人有一種舒適和安全可靠的感覺。

● 企業色彩與該公司的經營產業產生聯想

企業成功與否除了服務品質外，有些產品的色彩往往讓人產生一種固定色彩的印象；例如 COOP 鮮奶公司所生產的鮮奶是以藍色調和綠色調讓人有一種新鮮的感覺，無形中對公司的經營產生了很好的印象。

● 產品行銷上的因素考慮：

商業時代的來臨，色彩在企業與企業之間在競爭上占有相當重要地位，尤其是在眾多的商品中如何選擇具有與眾不同的色彩同時又能凸顯產品特點是很重要的，尤其是彩色本身具有語言的溝通能力，讓顧客購買商品以後能達到一種傳播力量，同時增加銷售能力是現代化產品經營中不可獲缺的。

(三)色彩具有心理知覺刺激

企業識別商標，標準字等公司企業，往往也因為個人心理上的聯想而產抽象的反應，色彩的主要感覺有嗅覺、觸覺、味覺、聽覺上產生不同的聯想。

紅色——喜氣、青春、熱忱、太陽、血、火等感情聯想。

橙色——溫暖、健康、歡喜等感情聯想。

黃色——光明、希望、快樂、富貴等感情聯想。

綠色——和平、安全、成長、新鮮等感情聯。

藍色——理智、科技、聯想、平靜等感情聯想。

紫色——優雅、高貴神祕、細膩等感情聯想。

黑色——冷酷、嚴肅、剛毅、法律信仰等感情聯想。

白色——純潔、神聖、安靜、光明等感情聯想。

灰色——平凡、謙和、失意、中庸等感情聯想。

人對色彩基本感受反應有

①相色——分為暖色系，中性色系，冷色系。

(A)暖色系——甜熱、熱情、積極、活動、華美等。

(B)中性色系——平凡、可愛、安靜。

(C)冷色系——沉著、深遠、理智、幽情。

②明度——分為高明度、中明度、低明度。

(A)高明度——輕快、明朗、清爽、優美。

(B)中明度——無個性、隨和、

保守。

　　　(C)低明度——安定、個性、男
　　　　性化等。

　③彩度——分爲高彩度、中彩度、低彩
　　　度。

　　　(A)高彩度——活潑、積極性、
　　　　熱鬧、有力量。

　　　(B)中彩度——中庸、穩健、文
　　　　雅。

　　　(C)低彩度——陳舊、寂寞、無
　　　　力量、樸素等。

六企業設定標準色有幾種情形

　(1)單色標準色：一般這種單色標準色是最
　　　常見的一種標準顏色，著重點在於加強
　　　對顧客的印象。同時產生記憶或聯想色
　　　。

　(2)複數標準色：標準色的選舉是以兩色爲
　　　一組搭配，往往可以加強其效果，也可
　　　以應用對比、互補、類似色彩的效果組
　　　合達到說明企業的特質。日本 DISPA 公
　　　司是用藍與黃色搭配。

　(3)標準色加上輔色彩

　　　一般而言；這種色彩應用是同一企業，
　　　或者同一品牌或產品分類相類似，均有
　　　這樣彩計劃，例如日本 HAMH 企業，
　　　就是以此相關標誌紅色，藍色兩色來組
　　　成不同形式，這種不同的組合是當企業
　　　經營後標準色確立後，經由討論後決定
　　　其輔助顏色的應用設計，來符合該公司
　　　的企業目標。

五、月曆廣告設計

　　中國自古以農立國，依照著月曆來插秧或
插種，現在月曆可分爲日曆，週曆年曆等四種
。月曆可當作商品出售，也可做爲一般的公司
企業作爲年終之贈品。因此月曆設計無形之中
也是企業或公司的一種廣告，藉由月曆贈送，
縮短了與顧客之的距離。月曆的形式有

①日曆爲一天一張，七天一張週曆，每個
　一張月曆，三個月一張季曆，六個月一
　張半年曆，十二個月一張的年曆。

②月曆的形式也可分爲排牆型、桌上型、
　皮夾型、手錶型、平面型、立體型、活
　動式、立體式。其中大小形式對開、三
　開、四開、八開、大大小小隨心所慾。

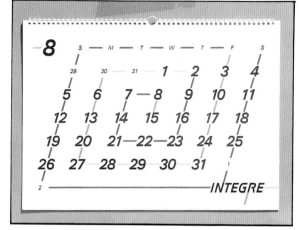

●月曆設計

　月曆的內容：

　月曆的內容插圖方式較多，風景、花卉、
人物、動物、古蹟、名言等等。一般是以攝影
或繪畫方式來表現。

　月曆設計應考慮材料及表現應考慮條件

　(一)月曆設計紙張：一般封面（60p），內
頁則是（180～200p）。以銅版紙較多。

　(二)月曆表現方式及考慮條件

　①大小尺寸（紙張以不浪費）原則。

　②紙張材料（有道林紙、銅板紙、卡紙等
）

　③外觀形式：桌上式、卡片式、壁掛式等
。

　④印刷色數（單色、複色、套色、六色彩
色印刷）

●月曆設計●

⑤廣告內容（商品名稱、公司名、商標、地址電話）

⑥編排方式（一般月曆編排方式及特殊方式）

月曆設計注意事項

一、文字部份

可分為日期、月份兩種的阿拉伯數字，及同時表示星期、農曆、行事、紀念日，中文英文及大寫數字。字體的編排要注意①字體大小選擇，字形變化，橫排、直排、字間、行間，要有美觀感覺，同時也能富有變化。②色彩與字體要統一同時與企業形象的性格要協調一致。

二、月曆廣告設計

①應避免月曆上廣告太多而影響整體感覺。

②月曆廣告部份，儘量簡單扼要，否則會破壞畫面。

● 挿圖月曆

三、月曆的插圖設計

月曆設計無論具象、超現實、或精密、動態、都適合現代人，月曆設計如果是裝飾用，則是以畫家人物，山水、花鳥等作品。插圖方式則有西畫和國畫和攝影。

①西畫——一般以版畫、水彩、古典油畫較多。

②國畫——山水、風景、人物等。

③攝影——一般包括範圍有風景、或雕刻、工藝作品等。

●月曆設計

第十一章
廣告企劃

一、何謂廣告企劃

　　一種商品廣告藉由媒體宣傳達到廣告訴求，則需要廣告企劃，廣告企劃包含了，對整個計劃擬定，策劃執行到廣告完成有著密不可分的關係。近年來台灣企業發展快速，企業的產品種類也不斷在增加，廣告企劃的重要性就愈顯得格外重要，使產品在促銷中如何能把產品特色及優點告訴大眾瞭解，這都是企劃主要目標之一。

㈠廣告企劃的主要意義如下；

　　①狹義企劃指的是對該產品行銷所產生的計劃。

　　②廣義企劃指的是有關於整個廣告媒體應用及行銷的活動。

　　③廣告企劃也就是廣告業主對消費者促銷的戰略應用。

　　④廣告企劃是整體觀念，從行銷到推廣計畫要周詳。

㈡廣告行銷計劃考慮背景條件包含以下幾點：

　　①市場條件的行銷計劃：

　　廣告企劃主要考慮項目，是市場的開發問題，市場開發包含了，消費者心理等，廣告的科學常識，市場的行銷問題。

　　②商品性質的行銷計劃：

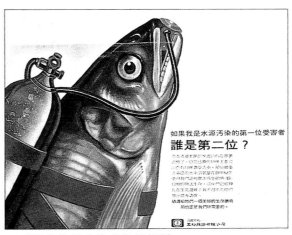

● 兩張廣告具有教育作用解說

● 廣告訴求富有教育判斷選擇價值

● 住商不動產以「買得稱心、賣屋寬心、租屋歡心」為廣告訴求

對於該商品的特質優點、用途、價格等，同時對於商品如何製造開發，地點，時間時要有事先計劃，同時可以，以樣品或做市場調查，預先知道消費的反應如何，作為該商品策略的改進。

③對於廣告媒體的選擇：

如何有效運用媒體並配合產品特點進行市場行銷，媒體運用非常重要。

④廣告策略的應用：

廣告媒體必需靠廣告策略應用才能發揮出效果，因此廣告媒體必需注意地區性策略，廣告執行戰略運用，瞭解不同消費者的需求，針對消費者種種訴求，做出行銷戰略。

以上四種是廣告策略應用背景條件，四點當中必需詳密配合，才能達到行銷目的。

(三)廣告企劃戰略要點：

一、商品本身方面：

商品本身要考慮的方向，為廣告戰略上最先考慮項目：

①產品開發②產品競爭③產品包裝改進④相關產品的資料收集⑤產位銷售定位⑤產品的行銷路線等等。

二、消費考慮方面：

①消費者的經濟問題②消費者年齡問題③消費者人口特性④消費者性別⑤消費者的習慣問題⑥消費者區域性問題⑦消費者的習慣問題。

三、市場評估做問題：

①對於市場行銷管制②對於產品與市場銷售率評估③市場的銷售網路。

四、商品促銷問題：

● 三幅廣告表現出住商不動產房屋仲介公司「誠」、「信」、「緣」為原則廣告

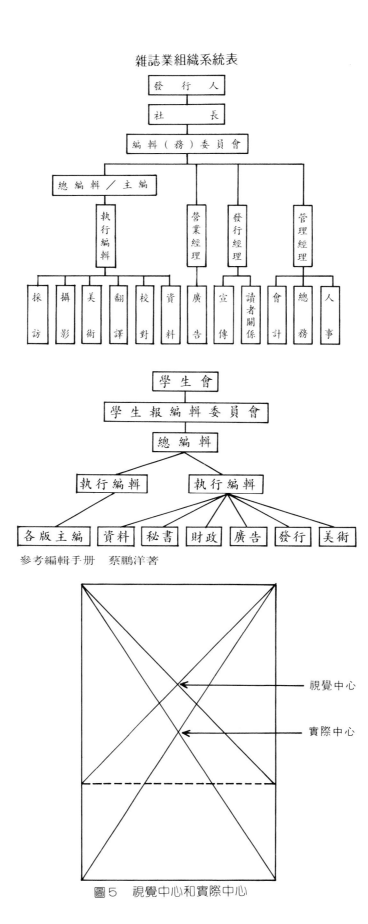

雜誌業組織系統表

發　行　人

社　　　長

編　輯（務）委　員　會

總　編　輯／主　編

執行編輯　　營業經理　　發行經理　　管理經理

採訪　攝影　美術　翻譯　校對　資料　廣告　宣傳　讀者關係　會計　總務　人事

學　生　會

學　生　報　編　輯　委　員　會

總　編　輯

執　行　編　輯　　執　行　編　輯

各版主編　資料　秘書　財政　廣告　發行　美術

參考編輯手冊　蔡鵬洋著

視覺中心

實際中心

圖5　視覺中心和實際中心

86

黑松汽水人情篇

廣告目的

傳達黑松汽水是人與人之間縮短距離的媒介，加強親切的企業印象。

廣告創作要旨

運用黑松汽水2000CC大瓶口的各種角度以真實攝影的手法，蘊釀平實感性且親和的氣勢，對Target提出黑松汽水的人際主張。

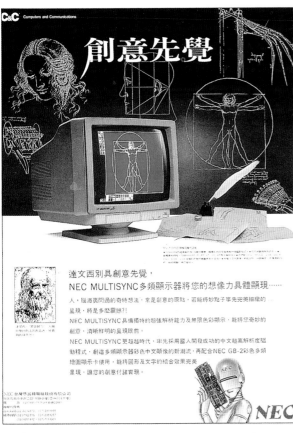

商品促銷考慮到①行銷路線②行銷方法③行銷對象等等

二、媒體廣告企劃執行

一件商品不論是使用何種媒體，都必需是以爭取廣大消費者認同，媒體企劃執行就是透過報紙、DM、電視等媒體做有效而最密集的戰略。

媒體企劃執行到目前為止國內是廣告主委託廣告代理商來執行，廣告公司業務部門是負責媒體執行的主要部門，其中包括了廣告業務部經理，副主管，廣告業務員，美術設計人員和商品的企業主管。

媒體企劃過程包括了下列幾個步驟：

㈠商品定位與認識：商品推出後，該商品的廣告代理業應先瞭解其性質。

㈡決定廣告播映媒體及時間：產品決定廣告媒體如報紙廣告或電視廣告，電視廣告往往比起雜誌或報紙廣告來的昂貴。決定廣告媒體同時也決定商品促銷時間。

㈢廣告對象的定位問題：廣告對象是可以事先做市場調查，然對調整做分析，如年齡層、興趣、心理嗜好等等都必需詳加嚴討，才能做出有利的廣告企劃。

設計與執行：任何企畫都需要去製作執行，所以廣告代理公司必需收集相關資料，配合美術設計人員，由美術企劃部去執行，美術企劃部中有藝術指導者(Art Director)，美術設計員(Art Designer)，美術採購員(art buyer)，攝影管理者(studio manager)(llustrator)，佈局員(layout man)等完成。

第十二章
商業廣告與印刷設計

一、廣告與印刷設計

在今天工商社會中，印刷是文化之母，平時我們所接觸的印刷物如報紙、雜誌、書籍等均為印刷的廣告媒體，因此印刷的精美與否與廣告傳達有密切的關係，廣告的印刷媒體包括了海報，傳單目錄、DM、包裝、月曆、POP或者貼紙等其他的印刷物。

印刷媒體在廣告上的優點：

(一)印刷媒體一般來說是屬於比較普及的廣告

台灣目前有幾十家的報社，看報紙的人數占所有廣告媒體的大部份，幾乎在都市中，每家都有訂閱報紙，其次是各種雜誌訂閱，再者每天所接觸DM、說明書、傳單及各式各樣的海報皆是印刷體；因此印刷媒體可以說是廣告設計中的訴求力較強者。

(二)印刷媒體具有價廉性

一般的報紙分為早報、晚報、日報價錢上一般是比其他書籍便宜，如書籍由於大量印刷，所以成本來說不太高，一般的民眾可以購買的起。

(三)印刷媒體可應用於不同的素材上面

印刷廣告表現的素材十分廣泛，例如紙張、塑膠、金屬、木材、玻璃、壓克力等材料，皆可以依不同的需要而使用。

(四)印刷媒體具有多重表達方式

由於印刷技術的進步，可使用不同形態來表現，藉由印刷媒體的廣告很逼真的表現出來，讓人可以產生真實感，同時閱讀時也有不同插圖配合，使人賞心悅目。

(五)印刷媒體具有說服力與解說力

雜誌、報紙、說明書、DM、等媒體不受到時間、空間、經濟等因素的限制，因此可以做到很詳盡報導，尤其印刷的媒體可配合優美圖案說明，對廣告閱讀者具有說服力與解說力。

(六)印刷媒體是具有生動而變化效果的一種媒體

由於彩色印刷十分進步，印刷技術可以利用製版、套版、網線、上光等不同的變化效果，來產生多色、套色或者單色的廣告效果，尤

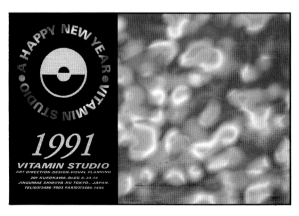

● 各類印刷媒介物廣告印製品 ●

其近年來印刷技術進步，印刷精美，更是可以讓廣告閱讀者有生動活潑感覺。

(七)印刷媒體是一種簡易快速而應用廣泛的一種廣告媒體

印刷機進步，印刷可以大量複製，而節省經濟成本，應用範圍十分廣泛，計有 DM、月曆、商品說明書 甚至圖案的壁飾、海報、名片及標籤等，都是廣告印刷一項新發展。

印刷媒體是一種容易掌握控制的廣告媒體

在所有的廣告媒體中，印刷方式的廣告媒體具有其它媒體沒有的優點，一件印刷品從草圖到定稿到打樣都可以修正，為求廣告品完美及訴求效果，可以在廣告印刷前的美術設計到完成前作修訂，以求到比較完美效果。

二 印刷設計在廣告設計的應用

舉凡我們每天所接觸的不同廣告中，廣告都必需配合印刷的技術來達到所要的訴求效果，廣告業者也希望經由取後的印刷程序來達到廣告的可看性，印刷的廣告體，也會隨著印刷技術的進步與機器不斷創新，配合廣告來達到不同需求性。

(一)印刷媒體的廣告表現方式

● 有時間性與地點性的廣告

在所有廣告中，我們每天最容易接觸的是報紙，報紙是有時間性的一種媒體廣告，廣告閱讀者如何看到報紙上的廣告效果，這是有時間性的，因此，報紙印刷廣告的訴求對象、設求地點、訴求年齡、訴求時間都是要事先規劃表現，讓廣告閱讀者在看到廣告一刹那，動心，進而行動，是一種有時間性廣告，因此印刷時單色、套色、彩色都必需清晰讓顧客明瞭。

其次如 DM 更是必需選擇紙張比較好的一種媒體廣告，大部份是比較厚而又有韌性的紙張，印刷時精美度更是不可忽視，其次是戶外的海報大都採用油墨色澤表現較優美及比較堅韌而厚的紙張，如此才能比較長時間經過風吹日曬仍保持完美性尤其是在人潮眾多的地點，更可發揮它的特點。

(二)配合行銷或展示方式

①平面廣告：例如簡介，POP 傳單，貼紙等都是屬於平面展示的一種廣告印刷物，又如：日曆、月曆、年曆因為展示效果不一，所以印刷訴求相對也不一樣，例如：日曆如果是玄吊方式，一般來說比較價廉的油墨，紙張磅數也比較輕，如果是保存比較久的書籍，則一般考慮印刷優美油墨或紙張，至於戶外的海報一般也是顧及到面積比較大及天氣的變化，因此上光是比較好。

②立體性廣告：立體性的廣告如包裝計，玄掛 POP，打火機廣告木柴盒，紀念章等，一般的包裝設計，包裝材料有塑膠、金屬、木材、鐵罐等等，不但具有保護的功能，輸運及儲

●DM所採用的紙張要精美

有功能，因此在銷售上與展示上需同時配合，如此展示時效果才會凸顯。印刷媒介物種類繁多，如何配合應用，是一般立體性廣告所必需考慮。

(三)印刷成本的計算

往往一件商品的銷售是需要廣告來達成的，而商品本身成本，印刷費用也是在成本預算中，尤其商品業者在考慮到商品本身價格的定位時，就必須考慮印刷媒的價格，往往不好的印刷品其壽命也比較短。相對的，這樣商品廣告時效性、地點性、展示性都必需要加以考慮，有些媒體，如DM廣告紙張，印刷品質就有明顯區別，例如房屋廣告紙張印刷比較精美，而一般小商店的DM則比較粗陋，因此印刷時也因為商品價格、銷售的對象不同而必需考慮到印刷成本。

(四)印刷設計與色彩關係

一般印刷廣告物的類型可分①單色印刷②套色印刷③彩色刷三大類。

①單色印刷

一般即是在黃(Yellow)，紅(Magenta)，藍(Cyan)，黑(Black)某一特別色或螢光色做單一色彩畫面印製，如果能以四色靈活運用，配合廣告所要述求的重點，可以產生不同的畫面效果，例如利用網點百分比來調製廣告效果要求的深淺度，使圖形與文字做各種不同的配合，達到最好效果。②其次是利用特殊網線重疊，可以做出不同重疊效果。③對於單一色圖與文做不同的變化時，整張構圖做適當安排並且配合色彩使的廣告閱讀者更具有吸引力。

②套色印刷

指的是兩色以上色相印刷套印，廣告色彩上的應用會比較豐富，套色是指印刷品中任何一種顏色都是獨立，不互相重疊再衍生出其他的色，因此在製作套色印刷品時對於任何相鄰色彩調配要注意調和性，這樣才能產生調和性。例如藍色與黃色將會出現濃淡不同綠色系，藍與洋紅套印也會出現不同紫色系，也可用洋紅、藍、黑、黃四色做適當的兩色、三色、四色等不同配置。

● 單色印刷

● 雙色印刷

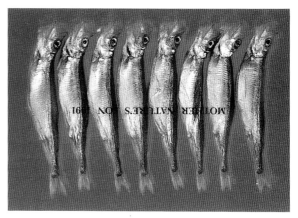

● 4色印刷

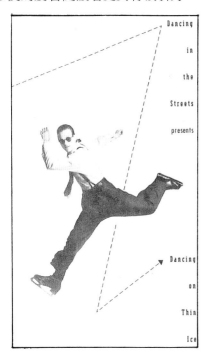

③彩色印刷

是利用色光三原色的紅(Red)、綠(Green)紫藍(Blue)三種濾色鏡，將自然景物彩色原稿加以分色(Color Separate)，並且攝製可供曬製印刷用，以色彩減色法上所需要油墨互相套印產生彩色與原稿相同色彩，也就是說利用色光主要構成紅綠、紫藍三種色光組成白色光。因此當我們用紅、綠、紫藍的濾色去過濾彩色原稿

時，可分別取得三種色光分色陰片，像綠色濾色鏡所出來的色光是所含色系統的光線，在底片上感光或陰片，再翻成陽片所有的紅，紫藍等非綠色系統光都出現在陽片上。彩色印刷中金色與螢光是比較特殊顏色，也因此爲了的比較好效果，往往會使金色或銀色來套印表現來增加其效果。

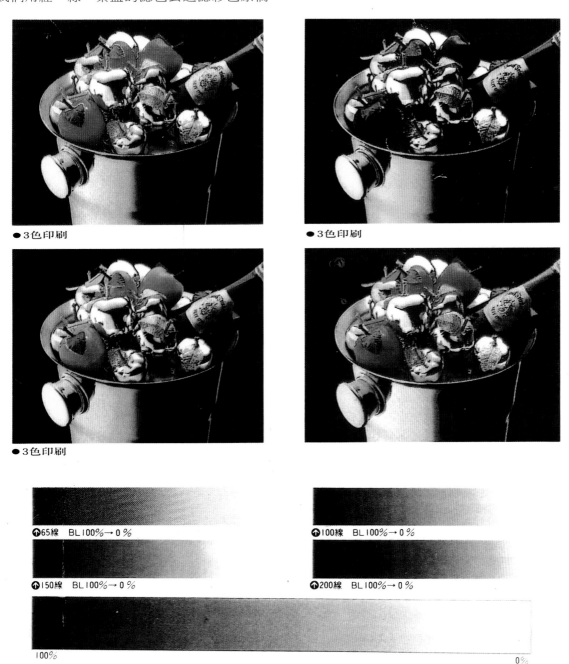

●3色印刷

●3色印刷

●3色印刷

↑65線　BL100%→0％

↑100線　BL100%→0％

↑150線　BL100%→0％

↑200線　BL100%→0％

100%　　　　　　　　　　　　　　　　　　　　0%

100%　90%　80%　70%　60%　50%　40%　30%　20%　10%　0%

線目多少與濃度成正比

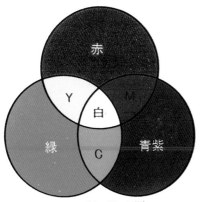

加色混合(赤・緑・青紫)

R＝赤　（Red）
G＝緑　（Green）
B＝青紫（Blue Violet）
W＝白　（White）

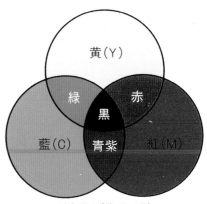

減色混合(黄・紅・藍)

Y＝黄（ Yellow）
M＝紅（ Magenta）
C＝藍（ Cyan）
BL＝黒（ Black）

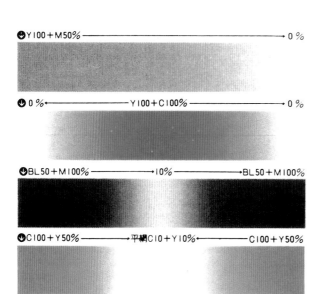

⬇Y100＋M50%　　　　　　　　　　　　　　　→ 0 %

⬇0 %←　　　　Y100＋C100%　　　　　→ 0 %

⬇BL50＋M100%　　　　→10%　　　　→BL50＋M100%

⬇C100＋Y50%　　　　→平網C10＋Y10%←　　　C100＋Y50%

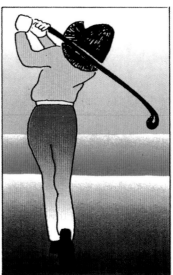

⬆Y100%＋M100%→ 0 %

⬆平網Y80%＋C100%→ 0 %

⬆M100%＋C50%→ 0 %

⬆M100%→ 0 %＋C 0 %→100%

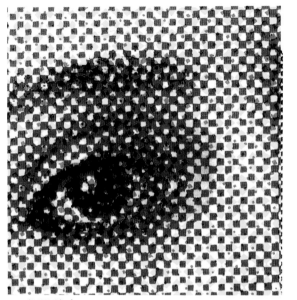

●網點放大

㈤印刷設計與廣告製作的上光處理

「上光」成了今日雜誌書籍類在印刷與廣告表現中重要的一環，尤其今日廣告競爭時代中，整體廣告效果顯現是凸顯廣告最好的方法。

目前國內使用主要是 PP 、 UV 霧面上光。例如在 UV 上光方面有其特點：

①具有對熱及化學品不致產生變化或溶解，同時也能耐污染及不變色等性質。

②光滑如鏡狀，有非常的光滑亮的，有防水防曬性質的。

③具有在陽光照射下，不褪色的優點。

④紙盒加工處理，紙張不伸縮，效果良好。

其次又可分為霧面上光及鏡面上光兩種，（同時又可以分為局部，凹凸、全部）等處理。本身具有光澤及透明的效果，同時可做出特殊效果，凸、凹、局部等各類型變化，使得印刷物可以更為出色。同時無 PVC 薄膜，美觀亮麗。

一般上光適用範圍有

①目錄、 POP 、書籍、雜誌、各種文宣用品。

②貼紙、靜電標籤等特殊材質上。

③包裝廣告設計若加上上光處理，可以有不同的效果出現。

上光應注意事項有下列

①油墨未乾就上光，效果會不理想，紙張容易伸縮或波浪變形。

②考慮到印刷完成的手續加工過程多及時間安排。

㈥印刷設計與網目

㈠通常一般的印刷過程需要下列幾個步驟

A 原稿製作

原稿包括線畫稿(Line Copy)。黑白照片(Continuous tone copy)、彩色照片(Colour — Copy)④電腦繪圖(Computer Drawing)。

B 製版照相

在印刷過程中，必需經過照像製版過程，照像製版好壞往往會影響品質好壞，依原稿性質選用不同底片，拍成陰片或陽片或者直接分色或間接分色的陰片或陽片。另外還有電子分色是現在所普通使用的。

C 曬製印版

將製版照像所攝的底片，按照原稿所標示色彩如 （紅 50%或 60%） 做成同色底片，再分別塗上感光膜的印做密接曬版。

D 完成印刷版

通常是四色 （青版、洋紅版、黃版、黑版 ） 等四色印刷版。

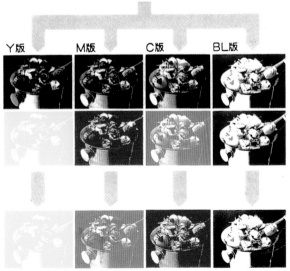

●四色印刷

E 印刷

　印刷所要達到的過程，在廣告設計時就應該先由業者與美術設計者決定後，視畫面所需的效果而定，印刷效果若是不太理想，也會影響廣效告果的，經濟上與時間上都不划算。

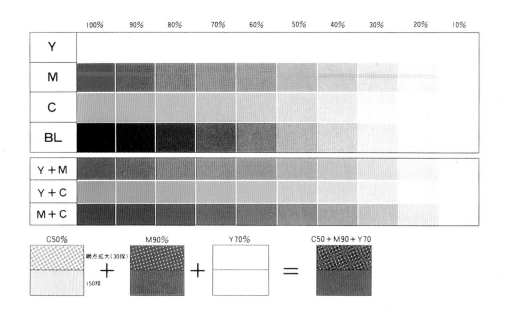

・網點階調放大圖・

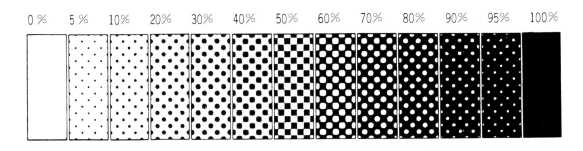

㈦印刷製版種類

　在我們日常生之中所接觸到的報紙、雜誌、海報、紙盒等都與印刷有密不可分的關係，論其印刷方式一般可分為凸版、凹版、平版、孔版四大類。從印刷品的消費額來說，一般國內是以平版印刷占了大部份的市場，一般的印刷方式：

　凹版：凹版的版面有高低的差別，印紋部份在凹槽，所以必需先刮除版面上多餘油墨，再使版面與被印物接觸，最後凹槽的油墨印在上面。由於凹版製作比較困難，不易去仿造，市面上"有價証券"都是用此法印製。

　凸版：凸版印刷的版面有著高低差，印紋的部份較高為著墨部份轉印至被印物上面。最常見如版材鉛字，鋅凸版，目前市面上的信封

、信紙、請帖、名片或表格等數量少，品質不高印刷品大都使用凸版印刷。

　平版：平版印刷是利用水墨互相排斥的原理，版面沒有高低差別，使印紋部份著墨，先印於橡皮再轉印至被印物上，目前它是使用最廣泛的一種印刷方式，一般如海報、畫刊、雜誌、報紙、目錄、包裝盒……等，均採用之。

　孔版：孔版的版材是利用絹布或者細金屬網鏤空特性將不需要的部份用抗黑膠質遮住，留下印紋鏤空的部份，使透過鏤空而印在被轉印於被物上面。在早期網版上只用廣告招牌，目前則有不規則的表面又不平整的印物，如茶杯、玻璃瓶、鐵皮罐、印花布等，大都使用網版印刷。

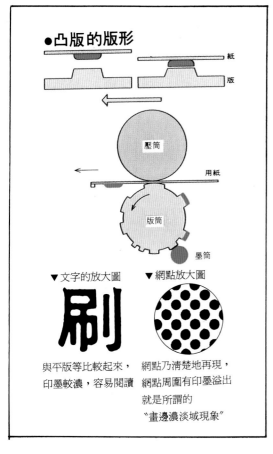

●凸版的版形

▼文字的放大圖

刷

▼網點放大圖

與平版等比較起來，
印墨較濃，容易閱讀

網點乃清楚地再現，
網點周圍有印墨溢出
就是所謂的
"畫邊濃淡域現象"

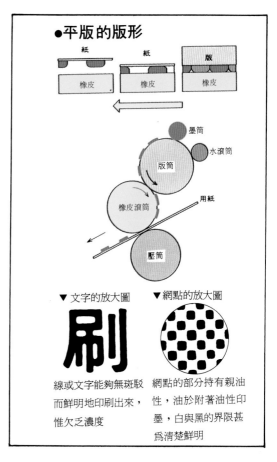

●平版的版形

▼文字的放大圖

刷

▼網點的放大圖

線或文字能夠無斑駁
而鮮明地印刷出來，
惟欠乏濃度

網點的部分持有親油
性，油於附著油性印
墨，白與黑的界限甚
為清楚鮮明

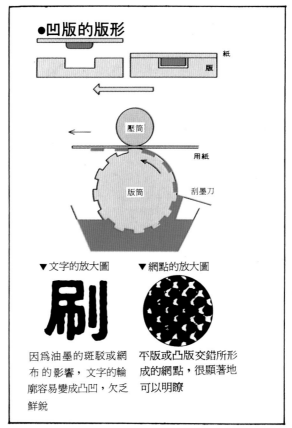

●凹版的版形

▼文字的放大圖

刷

▼網點的放大圖

因為油墨的斑駁或網
布的影響，文字的輪
廓容易變成凸凹，欠乏
鮮銳

平版或凸版交錯所形
成的網點，很顯著地
可以明瞭

● 三色印刷分色原理

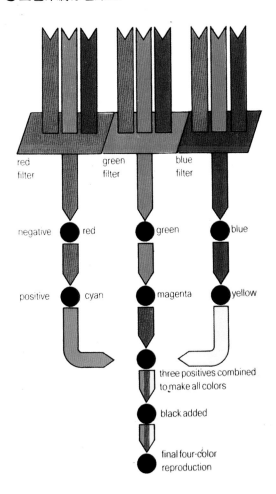

● (八)廣告印刷與用紙

● 紙張的選擇

　　紙張一般可分為①常用紙類②咭紙類③其他紙類。

　　①常用紙類有：新聞紙、道林紙、充書紙、帳薄紙、聖經紙、書面紙、粉紙、單面或雙粉紙、打字紙等等。

　　②咭紙類：卡片紙、布紋咭、硬咭、馬糞紙、火柴盒紙、瓦通紙等。

　　③其他紙類：如防油紙、蠟光紙、錫紙、吸水紙、羊皮紙、方格紙、書皮紙、方格紙、廣告紙、玻璃紙、吸水紙等等。

● 紙與印刷關係

　　紙張與印刷的方式有密切的關係，例如：如果是一般學生用教科書則是不要用雪銅紙之類，因為這樣才不會傷害視力；反之若是 DM 的小冊子，則必需選較好的紙張把調子印刷出來，才能達到廣告效果。

● 印刷使用目的

　　如果是一般日曆紙，因為要所折捲，因此避免用橫放之紙質，因為常會彎曲，因此月曆

最好用豎紋紙紋才比適當。」

● 紙張透明度

　　如果紙張太薄時往往會影響到廣告印刷效果問題，紙的透明度效果如何應該要考慮。

● 紙張的大小要合符經濟效益

　　往往太大或太小對廣告預算是否合乎經濟都要考慮。

● 各式紙樣

● 紙張開數

　　一般我們所謂的紙張開數係指的是全張紙開數，叫全開；若對折為對開；對折後再分成四開，四開再分成 8 開，16 開、32 開、64 開等。

　　紙張規格之訂定由印刷機器規格而來，例如 31 吋 × 43 吋是全開，包括機器咬紙寬度與修邊在內，因此扣除 1 英吋為 30 吋 × 43 吋。及能充分的利用才是正確，否則往往會成浪費。

　　紙張一般可分為正規開數和特殊開數。正規開數紙張是一般書籍，若是特殊的紙開數則是比較特殊時才會用到。

● 紙質與印刷油墨使用

A 油墨有下列特點：

　　①良好的油墨放置於普通燈光下，會有一段時間不會變色。

　　②同類的油黑互相調均，不會變質。

　　③油黑極薄的情況下，色彩飽和度仍極為

濃厚。

B 不同產品使用不同油墨

　　①化粧品，兒童玩具、嬰兒用品、食品要使用不含鉛質油墨，因為有毒。

　　②年曆、名中掛像、壁紙具有耐光性，應使用不褪色油墨。

　　③玻璃用品、塑膠用品應該使用附著強的油墨印刷在上面比較不易脫落。

　　④海報廣告用油墨，應使用有反射光線螢光質油墨。

特殊開數分割法㈠

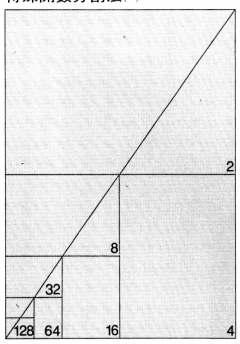

開數	四六版	菊版
4	787×273	621×218
8	546×196	436×155
12	273×262	218×207
16	393×136	310×109
32	273×98	218×77
64	196×68	155×54

特殊開數分割法㈡

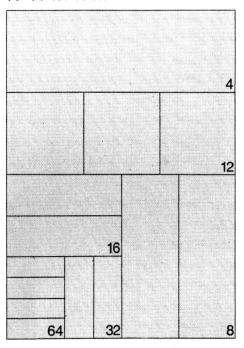

開數	四六版	菊版
對開	787×546	621×436
4	546×393	436×310
8	393×273	310×218
16	273×196	218×155
32	196×136	155×109
64	136×98	109×77

特殊開數分割法㈢

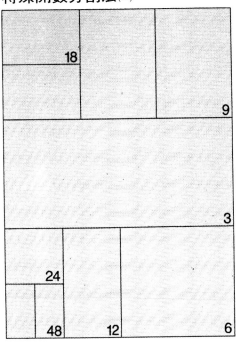

開數	四六版	菊版
3	787×364	621×290
6	393×364	310×290
9	364×262	290×207
12	364×196	290×155
18	262×182	207×145
24	196×182	155×145
48	182×98	145×77

特殊開數分割法㈣

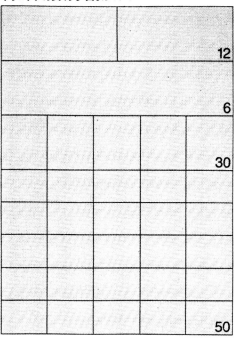

開數	四六版	菊版
6	787×182	621×145
12	393×182	310×145
30	182×157	145×124
50	157×109	124×87

第十三章
平面廣告設計——挿畫

一、何謂挿畫

　　挿圖英文 ILLustration；隨著今日傳播業的發達，尤其在平面廣告設計裏不可缺少的是挿畫，每天打開報紙皆可以看到挿圖，如副刊挿圖、漫畫挿畫等等，一般商業廣告挿畫是指的文字以外的部份。

　　挿圖一般的表現有三大類①繪畫類：水彩、國畫、油畫類、粉彩、壓克力顏、廣告顏料、彩色墨水等等。②第二類是指：攝影、有風景攝影、民俗或民族性等等攝影。③第三類是：版畫、絹印、石版畫，銅版畫等。

　　無論何種挿畫，寫實或抽象的都是必需與廣告主題相互配合，尤其是如何使讀者感動進而在心理上產生聯想或者思考，這樣的挿畫在商業廣告上是相當重要的。

● 李曙初—繪畫性挿畫

● 徐明豐—版畫挿畫

● 攝影類挿畫

　　本書有關於挿畫在廣告上應注意的地方，筆者歸納下列幾點：

　　①挿畫或挿圖代表著個人（挿畫家）個性或者該媒體廣告訴求，而有「主觀與客觀」性的挿圖或挿畫，主觀性挿畫一般是表現作者個性，而客觀性是指的符合該媒體廣告訴求。

　　②挿圖要留給人深刻印象；讀者看完媒體廣告後印象深刻，除了文案生動活潑外，挿畫吸引力也是要相互配合，才能使廣告版面更有生命力。

　　③對於挿畫表現技法及挿畫材料特性要有所了解才能得心應用。

　　④一般若是挿畫家挿畫作品則是富有個性、思想或者獨特表現個性才能吸引讀者注意。

　　⑤目前國內挿畫家人材輩出，好的挿畫家除了第④點外，挿畫家分為創造哲學性和非創造哲學性兩種。創造哲學性指的是有思想、感性、個性表現。而非創造哲學性則是依技術性取勝。

　　⑥挿畫的練習，若是有筆觸之數如鉛筆、鋼筆，案先以練習筆觸為先，若是水彩顏料則先以熟悉水性控制及配合其運用技巧為先練習，如此才能得心應手。若是挿畫必先對操作技巧有所了解，其次與心思構圖配合才能相得易

彰。

插畫的主要任務

插畫在商業社會中，往往比起單調圖案來更吸讀者，無論是諷刺型的漫畫或者是誇張型，幽默的漫畫，都必需有新鮮的構想，造型完美，或者是具有吸引力構圖，再再的都是需要一個藝術修養和技巧能力熟練者才能做到的。

二　繪畫類插圖材料介紹

繪畫的插畫顏料大致可分為乾性及濕性兩大類；一般乾性顏料指的是：比較容易擦去；其中普及的有色鉛筆(coloured penci)，粉彩(pastel,conte)，蠟筆(oil crayon)等。濕性則有廣告顏料(postel colour)，樹膠水彩(gouache)，塑膠類(aacrylic)及油彩(oil paint)等。

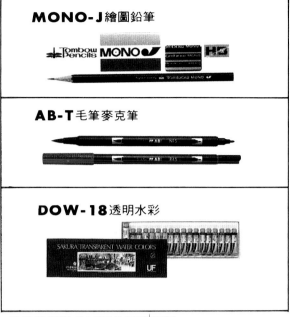

日月光貿易公司提供插畫顏料

三、插畫的類別

插畫的類別可分為

(一)電影海報插圖

這種插圖廣告以電影院比較多，內容完全在描述電影中故事的情節，同時以各種誇張方式來表現，內容則以不同人物組合為多，主要是敘述電影男女主角內容為主要插圖。

(二)象徵性插圖

是指利用人物或抽象，直接或間接的表現。

(三)幻想性插圖

例如太空或者恐佈、神秘、鬼怪等都是屬於此類型。

(四)幽默性插圖

指的是以風趣的表現方式，同時富有含意的一種插圖表現方式。

(五)敘述性

一般是只直接把故事內容直接的表現出來，往往是作者的主要的中心思想，例如報紙副刊上的插圖；往往是敘述一個故事主要內容為前題。

(六)裝飾性插圖

一般在文章的插畫或者書籍內文小插圖等都是屬於裝飾性插圖。

着色有其基本的方法：

(一)平塗法——大概可分為乾性或者濕性的平塗，水份必需是要足夠，並配合排筆大塊面積的均勻塗刷；使色彩能互相混合，使畫面產生統一色調。

㈡**並排法**——兩顏色相互的接近或者是顏色重疊——可以做顏色變化或者是統一調子，例如：黃與藍要相互排列，可以產生混色效果。

　㈢**重疊法**——是以一層色覆蓋另一層色，因爲覆蓋而產生不同的明暗變化。有半明色或透明色及不透明色。重疊法若是由多種色的點混合而成；變成了所謂的「混色」。

　練習插畫則是必需要對著色技法練習及混色技法練習有所瞭解。

　水彩畫法——可依噴、流、刮洗加蠟，流動或混合或乾濕或深淺虛實，重疊，溶合等做出不同變化。

　水彩的表現手法有——重疊法、渲染法、縫合法、淡新法、平塗法、乾筆法、濕中濕的方法等。

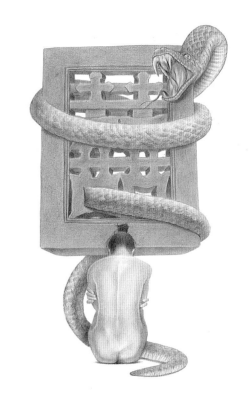

● 象徵性插圖

● 喚起愛國意識之插畫

●幻想式插畫

四、噴修插畫

　　噴槍的種類很多種；例如 0.2mm,0.3mm 到 0.8mm 不等 。

　　市面上有許多的空氣壓縮機，購買時最好能有馬達動力大，且附有空氣槽。另外有一種是小空氣鋼瓶使用方便，可以攜帶，但是最好能同時準備，以備不時之需要。

　　噴槍的顏料有①壓克力顏料②不透明水彩③水彩顏料④彩色墨水

　　①壓克力顏料：最具代表性為市面上 Liquitex 顏色有七十種以上，具有水溶性、速乾，乾後耐水性，很適合噴槍的特徵，但是如果不調勻，則往往會造成阻塞。

　　②不透明水彩：例如廣告顏料就是不透明感覺，並且不透明水彩可用來照片修正。

　　③水彩顏料：水彩顏料有透明與不透明兩種，不透明水彩一般在海報上常用。若是要用漸層的效果；則需要有透明水彩效果比較好。

　　④彩色墨水：一般彩色墨水有耐水性和不耐水性兩種。

　　噴槍的附加用具有──鉛筆 （打草稿用）、鐵筆 （臘筆複寫時可用） 、橡皮擦、羽毛小刷、有溝的尺、筆有圓筆平筆。

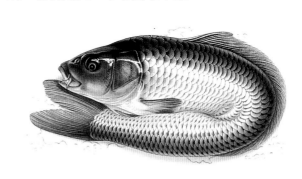

●許哲嘉

●何慎吾

●何慎吾

●何慎吾

■廣告設計作品欣賞

陳岳榮插圖設計

陳岳榮插圖設計

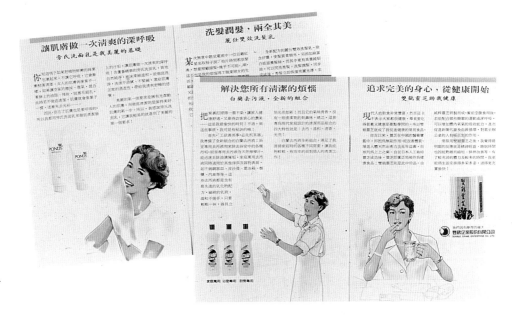

陳岳榮插圖設計

雜誌稿作品欣賞

陳岳榮雜誌稿

陳岳榮雜誌稿

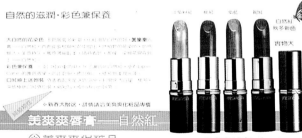

陳岳榮雜誌稿

陳岳榮傳單設計

陳岳榮海報設計

陳岳榮美學手冊
設計

紅色與綠色配上黑色產生比較強烈效果

雜誌封面設計

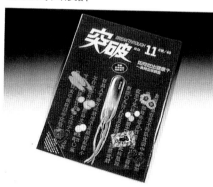

雜誌封面設計配合雜誌主題

王炳南設計作品欣賞

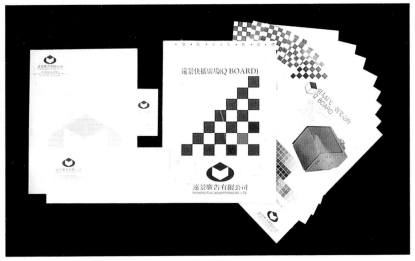

遠景廣告Vi設計

Nac Nac清潔保養系列

桑格圖書包裝袋和信封信紙名片設計

兒童插畫作品欣賞

高淑美兒童插畫以俏皮可愛吸引小朋友注意

高淑美

高淑美兒童插畫以廣告顏料水彩
表現

110

兒童插畫作品欣賞

高淑美

高淑美

高淑美

兒童插畫作品欣賞

高淑美

高淑美

高淑美

高淑美

連建興插畫作品欣賞

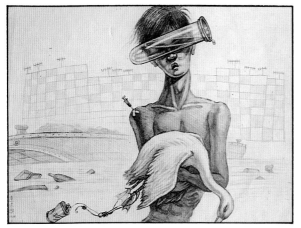

鉛筆素描（又富又貧乏的社會）

鉛筆點墨水表現（遠足地圖事件）

鉛筆素描（永遠的香格里拉）

鉛筆素描（現實回憶與夢境）

鉛筆素描（台北怨男）

精細插畫作品欣賞—噴畫

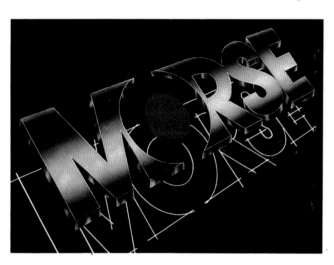

第十四章
包裝設計

一、包裝設計重要性

　　包裝設計在現在經濟發展迅速，消費者購買意識主觀抬頭，消費者在五花八門的市場上選擇自己喜歡的產品，而好的包裝設計必成了行銷中重要一環，尤其是包裝設計牽涉到攝影美學、印刷、設計等因素外，包裝設計同時也顧及到型態美觀、市場行銷、地域區分、不同消費者的選擇性，包裝設計從搬運到儲存角度是需要保護性和物品流暢性，若是從銷售角度則是美觀性及促銷性。

　　商業包裝所著重的是以美感為主，同時能滿足一般的消費者及吸引消費者有購買的慾望，進而達到促銷目地。

　　工業包裝其主要著重於產品的保護性，在運輸及儲存上能合理進行，而達到美感又有安全性。

　　好的包裝設計必需具備有下列的特性——經濟性、方便性、識別性的作用、搬運或儲存安全性、美感促銷功能。

　　其次現代包裝設計具商業性質的比較多，因此在基本概念中，需具備有下列因素：(A)產品包裝在於功能創造，同時能針對產品本身的構圖及造形、標示能清楚的加以說明(B)對於包裝而言不僅是「包裝」的美，同時也是經營者在產品促銷中得到利潤的武器之一(C)包裝設計是一種結構學與美學的結合。

　　包裝設計牽涉的範圍相當的廣泛，包括美學、設計、甚至美術心理學、結構等，依筆者在包裝的實際經驗中歸納下列幾點：

　　(1)包裝設計要符合並提昇產品本身的價值性。

　　往往包裝設計若是為 "包裝" 而 "包裝" 則可能在產品價感上無法提昇。

　　(2)好的包裝設計要顧及到經濟性。

　　(3)包裝設計要能夠搬運方便，並富有儲存性。

　　(4)包裝設計要能配合環保觀念。

　　(5)對於包裝設計能以輕量化為主。

　　(6)對企業形象的提昇有助於包裝本身形象化設計。

　　(7)如果是商業性包裝應當著重在美和新奇，並能讓顧客產生購買上的慾望。

　　(8)若是工業包裝則是以堅固安全保護為主。

　　(9)包裝設計需考慮內包裝或外包裝，通常外包裝設計有保護性、搬運性、防水、防火、固定等技術；同時有補強封緘、或加上標誌等。而內包裝則是易於整理包裝於容器中（例如：再加上外包裝）。

　　(10)就包裝美術心理學而言，好的包裝在於創意上或者是圖案符號及設計標誌上都有獨特的地方，才能引起消費者注意。

●商業包裝設計具有美感與識別性

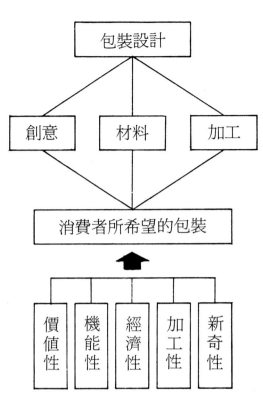

參考 朱陳春田　包裝設計

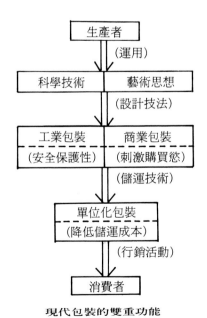

現代包裝的雙重功能

商品的構成

● 工業包裝必須考慮其搬運性

二、包裝材料之考慮因素：

①儲藏運輸情形：適合搬運。

②產品特性：硬度或軟度。

③容器的特性：玻璃或紙的容器或其他材質容器。

④成本計算：包裝設計必需兼做合理成本的計算。

⑤兼做環保意識。

⑥包裝材料的考慮條件：

(A)兼顧到具有緩衝性、支撐力和固定力。

(B)具有防震及防碎保護性。

包裝材料的視覺設計功能區分：

(1)具有吸引力：引起消費者注意。

(2)整體美感設計：對於材料要有整體設計。

(3)能適當表現材質。

(4)能讓消費者清楚的了解該產品：說明資料必需充實。

(5)擺設性強。

●包裝設計明識性較強

●**商業包裝設計應注意的地方：**

①包裝設計包含要素有型態、線條、文字、圖案、色彩因素必需先有簡單構圖。

●多色色彩包裝設計

②於包裝設計上之相關資料如產品的淨重、數量、體積、說明文、甚至於標準字體設計，插圖編排、政府許可證資料。

③從實地擺設及顧客意見中去了解實地的

效果，滙成資料再做總總的改進。

④對於架子上陳列高度與產品整體圖案設計的要列入考慮。

⑤對於產品大小用途應以方便為主。

⑥文字——清晰易懂，色彩——高雅大方或活潑等都應視產品特性來考慮；構圖應具整體感、吸引力、創意感、價值感。

●內外包裝功能不一樣

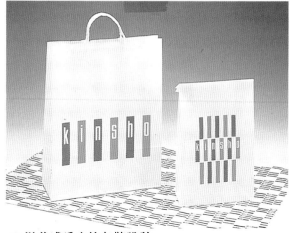

●以美感為主的包裝設計

●工業包裝要具保護性和運輸性

三、包裝的分類

①依使用目地：商業包裝、工業包裝。

②依型態分類：個別包裝、外包裝、內包裝。

③依機能型態分類：保護性、便利性、銷

售性。

一、依包裝類型分為

紙盒類包裝、木盒包裝、精緻包裝（如陶瓷包裝）、玻璃包裝、鋁罐包裝、鋁箔包裝、塑膠薄膜包裝、塑膠包裝容器、密着包裝、電池包裝、塑膠加上鋁箔裝。

如後圖，各式各樣的包裝設計。

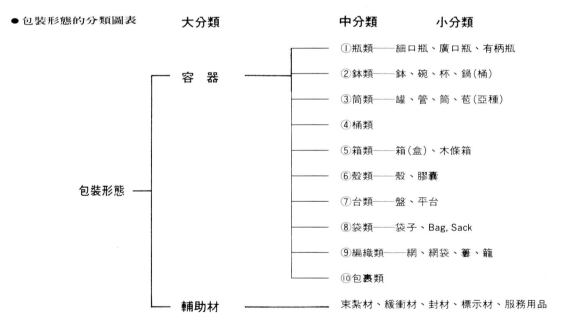

● 包裝形態的分類圖表

大分類	中分類	小分類

包裝形態
- 容器
  - ①瓶類——細口瓶、廣口瓶、有柄瓶
  - ②鉢類——鉢、碗、杯、鍋(桶)
  - ③筒類——罐、管、筒、苞(亞種)
  - ④桶類
  - ⑤箱類——箱(盒)、木條箱
  - ⑥殼類——殼、膠囊
  - ⑦台類——盤、平台
  - ⑧袋類——袋子、Bag, Sack
  - ⑨編織類——網、網袋、簍、籠
  - ⑩包裹類
- 輔助材——束紮材、緩衝材、封材、標示材、服務用品

■包裝造形種類

(1)、依材料來分：有紙材、塑膠容器、玻璃容器、金屬容器。

(2)、依製造來分：紙切割模容器、塑膠真空成型、塑膠吹氣成型、塑膠射出成型、玻璃吹氣成型、金屬冲壓成型。

(3)、依商品分類：①食品—糖果盒、餅乾盒、罐頭、果醬、調味品罐等。

②飲料—乳品盒、果汁罐、茶罐、咖啡瓶、汽水瓶。

③菸酒—酒瓶、菸盒。

④化妝、清潔品—香水瓶、香皂盒、化妝瓶、洗髮精、衛浴用品等。

⑤醫藥—維他命瓶、口服液、軟膏。

⑥家用品—洗濯劑、清潔劑、牙膏、清香劑。

⑦禮品—禮盒、玩具、其他。

(4)、依使用機能來分：①可利用之容器—如咖啡瓶可再利用爲花瓶。

②使用方便之容器—如不沾口之醬油瓶、易擠壓之沙拉品、易開罐。

二、商業包裝的設計程序

本書的重點著重於商業包裝設計，尤於國人已經瞭解包裝設計是產品在市場上競爭主要利器之一，而且可以創造更好的企業形象和經營利潤，包裝設計的程序有下列特徵：

(1)企畫：分爲蒐集相關資料，分析消費者購買慾，分析市場的情形。

(2)設計發展：分爲圖案設計，外及內或包裝造型設計。

(3)文字的設計：文字本身需美感上，造型上，視覺傳達上都應合乎美與整體，字體方面有中文，英文的設計。

(4)草圖：必需在各方面的考慮下完成，如容器型態。

(5)構想：把草圖進一步發展畫出來。

(6)構圖：構圖是孕育好設計構想，進一步完整構想接近完成圖，構圖包括—視覺的效果、力求簡潔化、專業化、求整體化。

(7)彩色立體包裝樣品製作：把文字設計、草圖、構想、進一步的完成，如有不合適再加以修改。

(8)定稿：是指文案上、圖案上、造型上完成，然後以黑白稿的完成來製作。

(9)正稿：對於套色十字線，補圖定位、比例尺大小及色彩標示等，要明顯標示，此外表現技巧，尺寸大小，印刷條件必需合理製作。

(10)校對：若是委託設計公司，打樣前需要簽上姓名或蓋章以示負責。

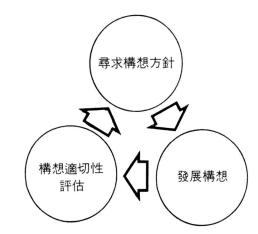

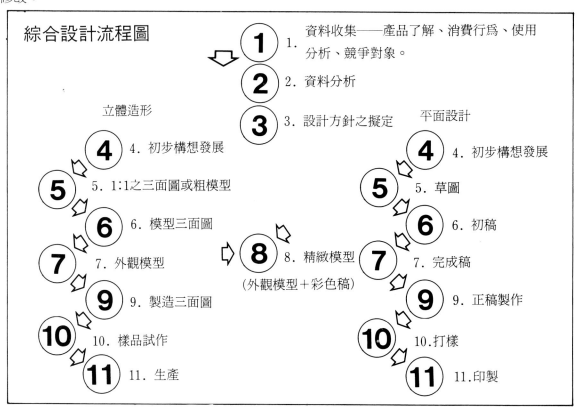

(參考現代商品包裝設計　鄧成連著)

(11)打樣：是指印刷前先印數張，看效果如何。

(12)印刷：印刷是表現包裝設計的主要過程，設計好壞與印刷關係十分密切。

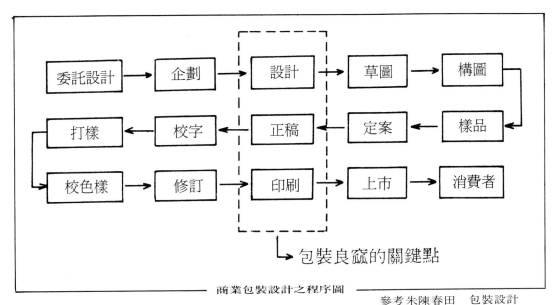

商業包裝設計之程序圖

參考朱陳春田　包裝設計

四、包裝設計之色彩計畫

一、色彩計畫是包裝設計中不可缺少，所以在本節中特別的提出來做討論：

色彩成功與否有下列影響，筆者歸納為：

● 好的包裝設計在傳達與提昇該公司形象。

● 好的包裝設計能對產品產生促銷作用。

● 好的包裝設計能吸引消費者注意。

一、色彩計畫與產品如何配合

(1)色彩計畫在包裝設計過程應當先做好市場調查、男女、年齡、季節、地域、風俗等做心理或市場的分析調查。

(2)對於產品特色能運用色彩來產生聯想或表現出來，對於整體設計搭配也是重要，咖啡色、水果色、草莓味道，此外有清涼感飲料，咖啡飲料、酸酸感覺、等都能用色彩表現出來。

(3)整體的視覺設計必須是配合該公司企業識別，讓人有聯想，如味全公司，包裝上的色彩印上紅色與標誌，讓人聯想到該公司的企業。

● 單色系的色彩包裝計劃

二、紙盒包裝設計要領：

紙器包裝、金屬包裝、玻璃包裝、塑膠容器包裝，是商業設計包裝四大容器。紙器的運用最多，舉凡所有商店展示架上，可以明瞭紙器包裝的重要性。

有關於紙盒器材的設計要領：

(1)造形美觀性：一個好的包裝設計應該是合乎造形上的美感。

(2)造形穩定性：包裝造型有正方體、圓形體、長方體、圓柱體、圓椎體，三角體在造型上需符合穩定性。

● 成功的包裝色彩計劃

(3)造型具有保護性：包裝的內在結構需要能經得起一定衝擊的材料，進而保護性。

(4)造型簡潔性：包裝設計在造型上必需合乎容易啓開，容易生產，容易密封或開啓爲目的。

顏色	東方人之感覺	西方人之感覺	男性偏好色彩之次序	女性偏好色彩之次序	兒童偏好色彩之次序	青年偏好色彩之次序	成人偏好色彩之次序	市區人偏好色彩之次序	郊區人偏好色彩之次序
靖	寒冷	安靜	1	2	7	9	4	4	9
綠	和平	茂盛成長	3	4	2	4	5	1	6
黃綠	新生	青春	7	8	4	3	6	3	8
黃	神聖	懦弱、膽怯	6	5	5	6	7	6	3
橙	興奮	快樂	5	7	3	2	9	7	2
紅	吉祥	吉祥	9	1	1	1	3	5	1
洋紅	天眞	華麗	8	2	6	8	8	9	4
紫	高貴	神秘	2	6	8	7	2	8	7
藍	冷靜	高貴	4	9	9	5	1	2	5

參考成功的編輯　李凌霄著

明視度高低比較次序表㈠　（無彩色背景）

背景 / 圖	1	2	3	4	5	6	7	8	9	10	11	12
白	黃	黃橙	黃綠	橙	紅	綠	紅紫	靑綠	靑	靑紫	紫	
黑	紫	靑紫	靑	靑綠	綠	紅紫	紅	橙	黃綠	黃橙	黃	
黃	黃綠	橙	紫	靑紫								

資料來源：鄧成連著　現代商品包裝設計110頁

124

三、包裝紙盒的基本造型有那些

紙盒的造型有下列幾種

(1)三角型包裝：是一種很具有展示效果的包裝，適用於一般的食品及飲料包裝。

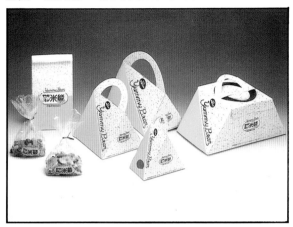

●王芳枝—造型特別包裝設計

(2)方型體包裝：這是一般最常使用包裝，有長方型及方型；有方便包裝及易擺示等優點。

● 王芳枝—方型體包裝設計

(3)圓柱體型包裝：一般圓柱體造型很簡潔而有大方感如罐頭之類。

●圓形紙盒包裝

(4)多角型包裝：多角型指的是六角柱體或八角柱體的立體造型；這種造型是有安定感及吸引顧客注意。

(5)變化型包裝：綜合的種造型變化；可以使人感覺新奇感。

四、紙容器包裝設計

(1)合成罐：是紙材、塑膠與金屬相關造型包裝。

(2)紙罐：如茶葉包裝等。

(3)紙袋：一般是指購物袋。

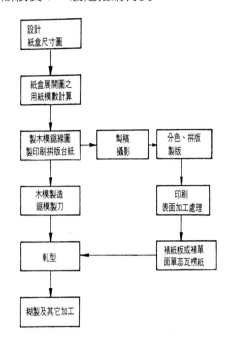

▲紙盒加工製造流程圖

五、熱成型包裝

所謂熱成型包裝乃是使用真空吸力、機械或氣壓成型於模具或產品加工形式。

熱成型包裝比較適合 A—(1)塑膠材料類如熱可塑性 PVC,PP,PS,PE 等。(2)壓克力和發泡塑膠如 PSP,EPS,EPE 等等。B:卡紙材料類：玻璃紙、鋁箔類、硬紙類。

● 熱成型包裝

(五)塑膠製品之包裝設計

最近十幾年來，台灣塑膠的包裝日益的受到重視及廣泛的應用，尤其塑膠本身是具有經濟、質輕、造型多變化的優點，因此逐年的受到重視。

一般塑膠材料的容器造型有：

(1)圓柱造型；最常用的一種造型如汽水瓶等。

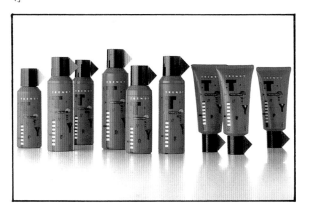

(2)長方型；PE,PVC 材料採射出成型等。

(3)三角柱體的造型：如化粧品。

(4)六角柱體的造型。

(5)盤狀造型。

(6)曲線造型

一般塑膠材料薄膜包裝

■塑膠帶結構—筒裝包裝袋、四面熱封式包裝、三面式熱封式包裝、合掌式包裝。

■塑膠帶種類有—輕型包裝袋（1公斤重內）、中型包裝袋（1到10公斤內）、重型包裝袋（10～15公斤重物、購物袋、垃圾袋、編織袋、冷凍食品袋等。

■塑膠容器種類—小瓶容器、罐型容器、

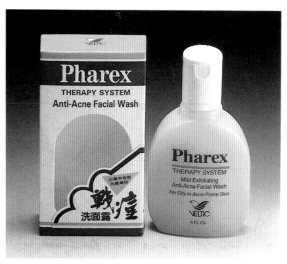

李淑芬

中形容器、大型容器、塑膠條板容器、管式容器、泡沫聚乙烯盒

(六)金屬容器與包裝設計

金屬容器具有下列優點(A)隔絕水氣（光線）(B)食品保存性良好(C)罐頭包裝成本低廉(D)廢棄物容易處理。

(1)圓柱體造型：啤酒、飲料等容器。

(2)方形體造型：如糖果、餅乾盒或肉品。

(3)橢圓形造型：果粒；罐頭等。

(4)特殊形造型：心形、船形配合被包裝物體而設。

金屬容器罐子有：

(1)馬口鐵罐：是一種食品罐頭。

(2)鋁罐：現在一般飲料易開罐。

(3)鋁箔容器：厚度約 50～30U ，適用日常日用品。

(4)軟管容器：是鉛、錫、襯錫等材料的金屬軟管。

(5)特製金屬容器：搬運或促銷上需要特殊處理之容器。

● 鋁罐包裝

● 鋁罐、塑膠、玻璃瓶包裝

㈦玻璃容器與包裝設計

　　玻璃具有——高度的透明性、清澈性、不腐蝕、造型可一貫作業，並可自由變化而富有創意。

　　玻璃容器包裝有下列幾種造形
　　①曲線體造型：為求美感之造型。
　　②六角型造型：六角為主。
　　③柄瓶：在柄瓶可有不同變化及裝飾。

　　總括上面紙材造型設計、熱成型包裝、塑膠製品或金屬容器或玻璃容器等，除了包裝設計的要領外有下列應再注意
　　①容易識別並且產品富創意。
　　②有很好的展示效果，並考慮堆疊效果。
　　③需要有強烈購買慾望的訴求。
　　④容易識別並且考慮安全的特性。

● 化粧品包裝

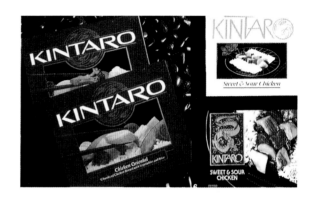

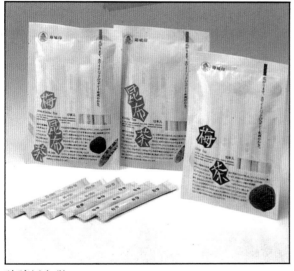

玻璃紙包裝

● 食品包裝

聯廣廣告公司文專麟包裝作品欣賞

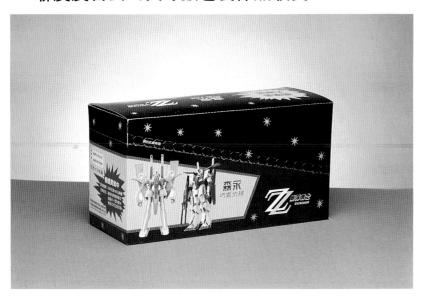

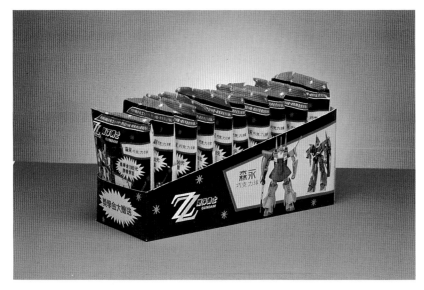

餅乾包裝設計

文專麟、林淑霞、殷美珠包裝作品欣賞

林淑霞甜辣醬包裝設計

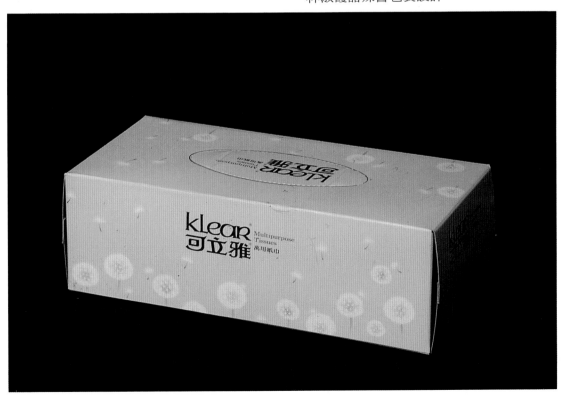

殷美珠餅乾包裝設計

包裝作品欣賞

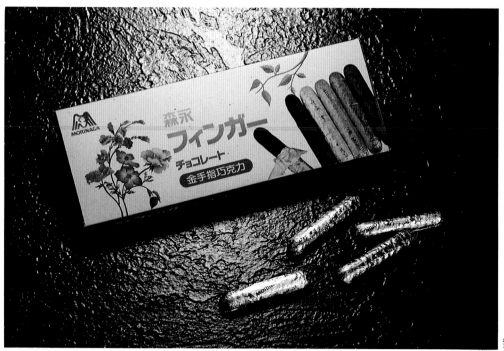

劉靜貞

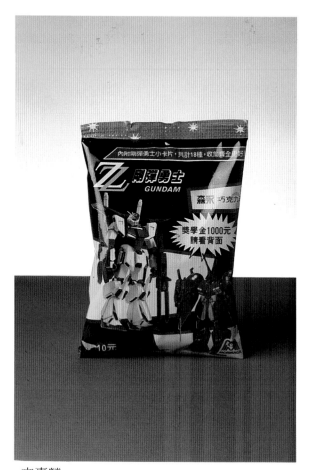

文專麟

殷美珠

文專麟

麥克筆示範

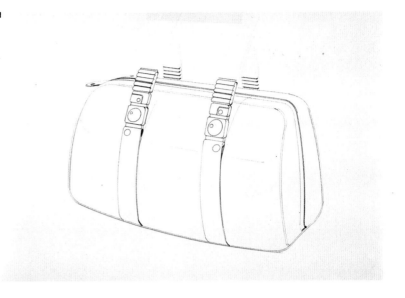

1.以水性簽字筆描出手提袋輪廓線

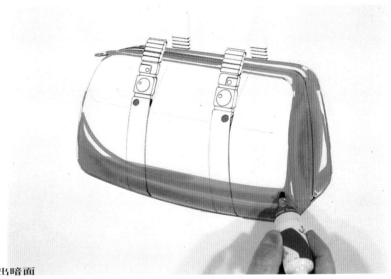

2.選擇自己所需之綠色系麥克筆，畫出暗面

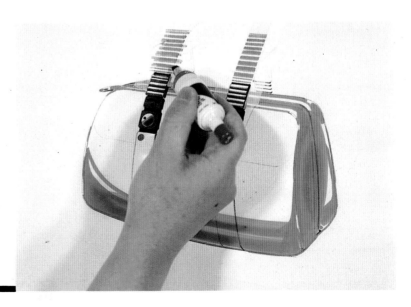

3.以灰色畫出提把部分

4.暗面處理完成

5.使用粉彩筆削成粉末狀的顏料，沾於
　綿花上來均勻的塗抹

6.做出暗面的部分

7.以白色色鉛筆修飾亮面

8.以白色分彩及黑色粉彩修飾縫線

9.英文字部分以黑色色鉛筆做暗面

10.以圭筆勾勒亮面的線條

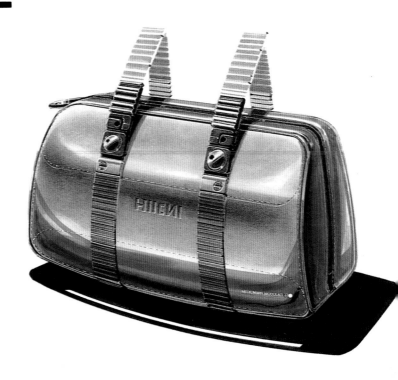

11.完成手提帶部分

12.最後加上背景即告完成。

包裝之內外構造 （參考平面廣告設計　龍和出版社）

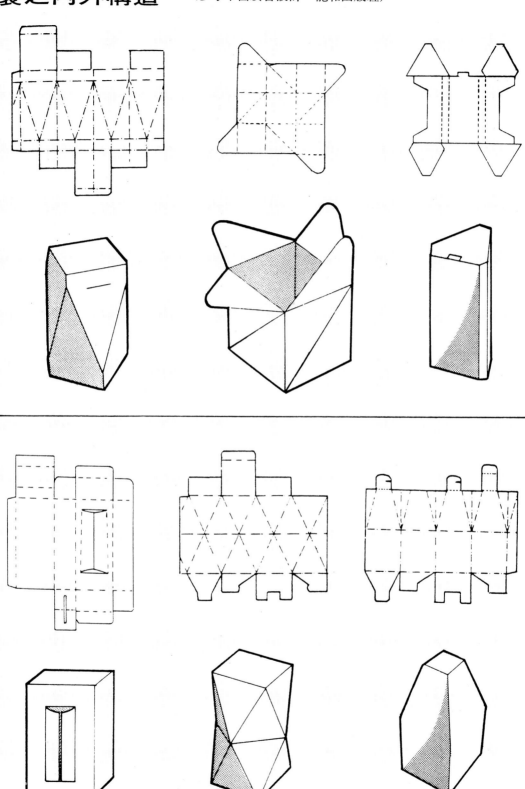

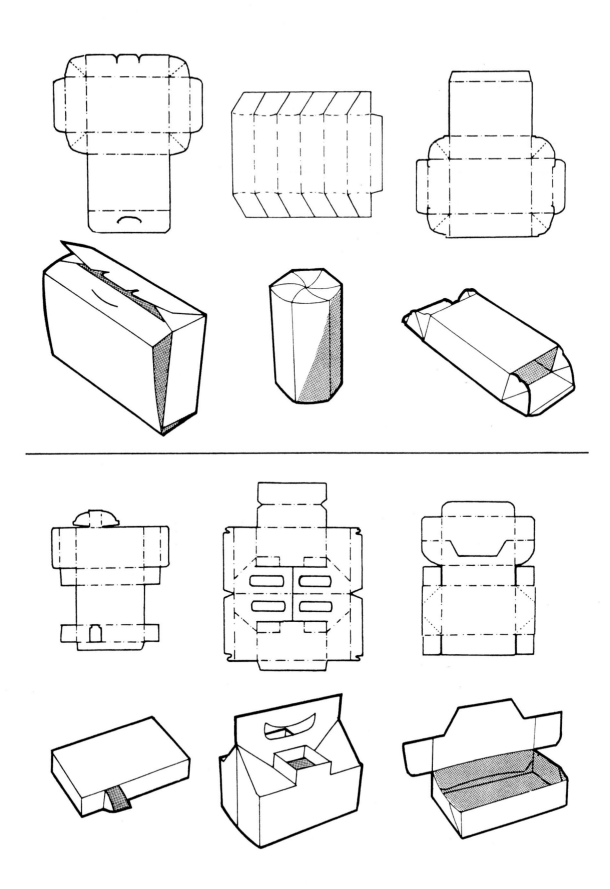

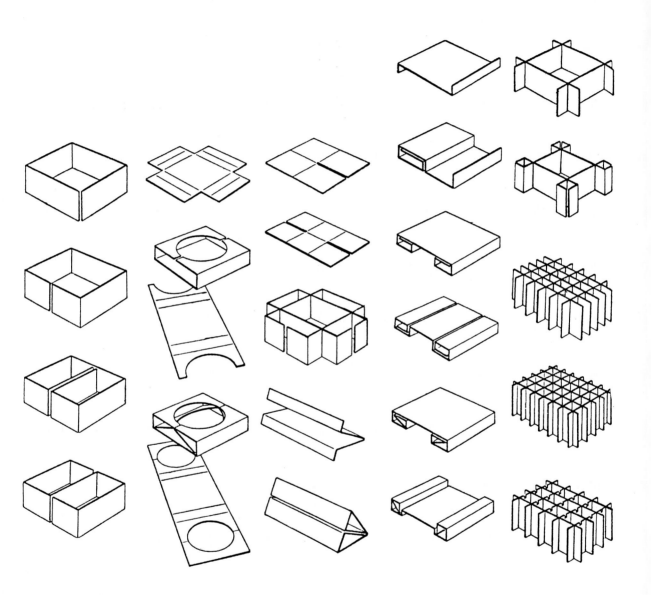

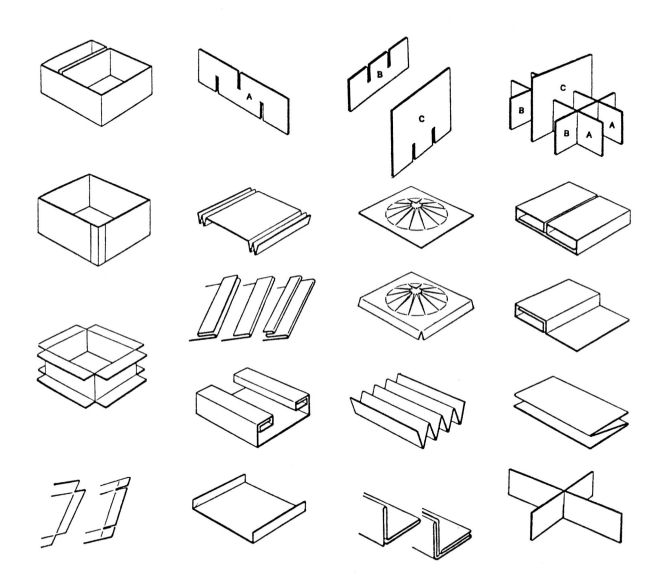

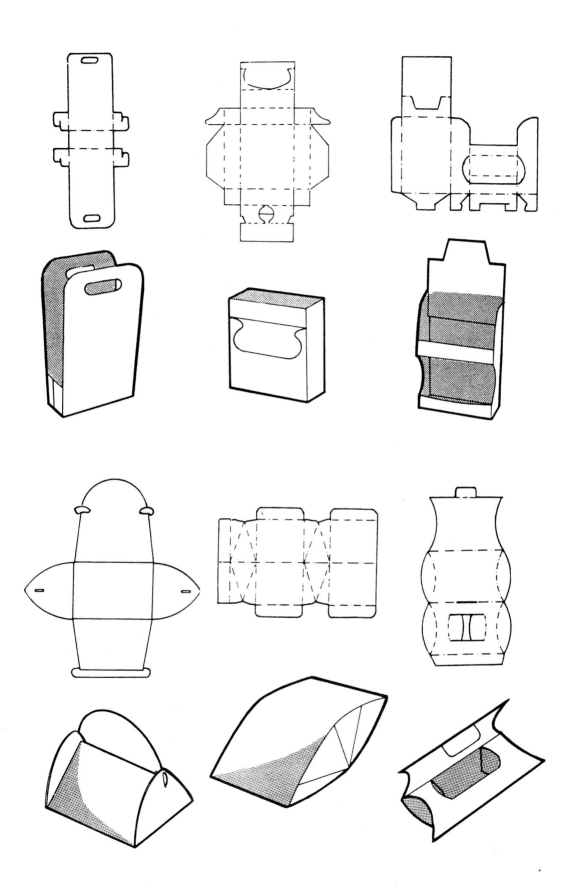

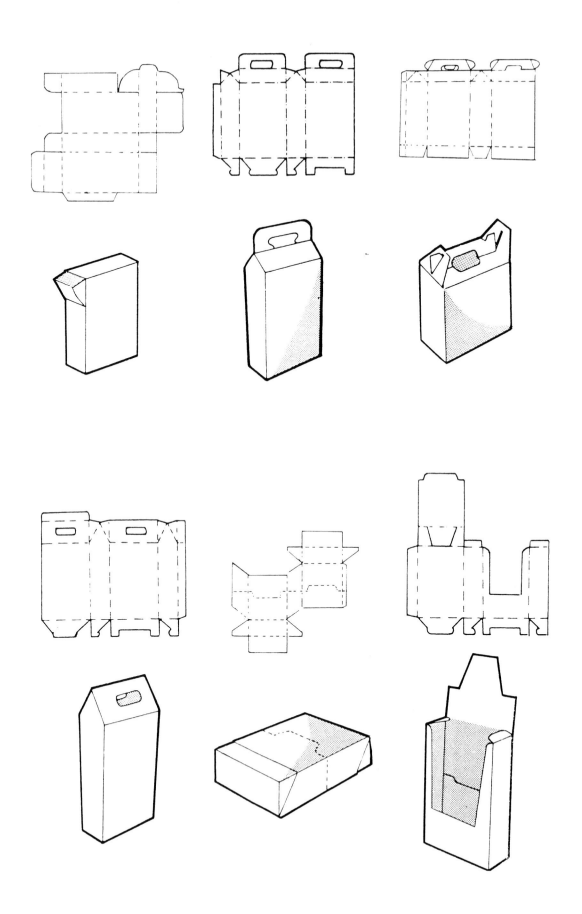

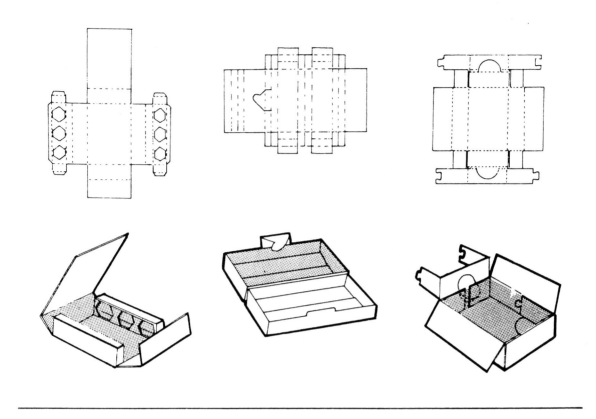

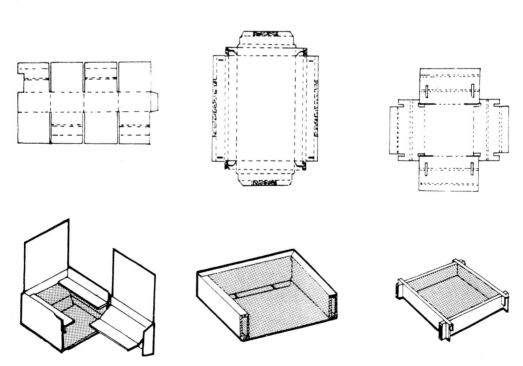

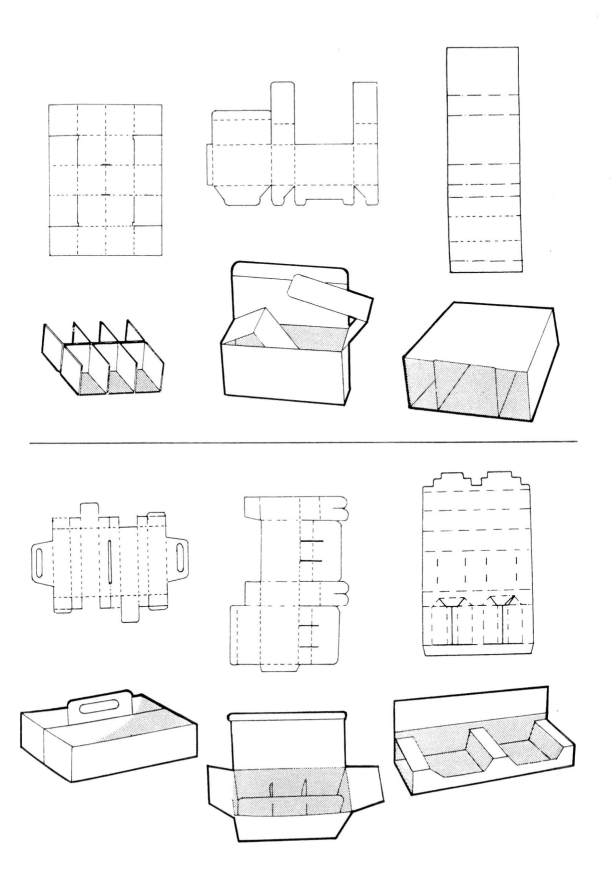

協助出書作者資料

丁郁文
Yuch-Wen Ting

簡歷
1954 生於台灣高雄
1977 中國文化學院美術系畢業
1977～90 國華廣告／設計、創意總監
1985 成立台北創意形象學會
1982～89 宏碁關係企業CIS規畫顧問
得獎
1981～90 多次獲時報廣告金像獎

王孝廉
William Wang

簡歷
1951 生於台灣台北
1978 國立藝專畢業
1976 欣欣傳播公司
1984 博報堂廣告公司
1987 博上廣告公司

江美華
Flora Chiang

簡歷
1957 生於台灣桃園
1978 銘傳商專商業設計科畢業
1978 向陽傳播公司設計兼完稿
1978 裕民廣告公司設計兼完稿
1980 南僑企業南聲傳播公司設計主管
1986 李奧貝納廣告公司藝術指導
1988 南僑皇家乳品公司產品企劃副理
1989 智慧取向廣告公司創意總監
得獎
1987 外貿協會產品包裝優良設計獎
1987～89 各獲時報廣告金牌獎 2 座、銀牌獎 1 座、佳作獎 2 座

李白峰
Tom Lee

簡歷
1962 生於台灣桃園
1981 振聲中學美術工藝科畢業
1985 展望廣告公司副理
1989 博上廣告公司創意部
得獎
1987 時報廣告日用百貨類金牌獎、交通旅遊類銀牌獎
1990 時報廣告食品飲料類佳作獎

李潤豐
Andrew Lee

簡歷
1962 生於台北市
1982 復興商工美術工藝科畢業
1980～82 太平洋廣告公司設計
1984 太一廣告公司設計
1984～88 聯廣公司設計指導
1988～89 BSB(達彼思)美術總監
1990 創立李潤豐創意工作室

李曙初
Shu-Chu Lee

簡歷
1964 生於台灣台北
1982 復興商工美工科平面設計組畢業
1982～84 國華廣告公司製作部設計處
1986～89 國華廣告公司企劃部AD
1990 國華廣告公司事業二部副理兼創意部(Creative Group Head)

何清輝
Taddy Ho

簡歷
1951 生於台北市
1973 中國海事專校畢業
1974 松根美術設計印刷公司
1976 台城廣告公司國內部經理
1980 超然美工班廣告設計講師
1981 東方廣告／製作經理、創意指導
1983 Show Magazine創意顧問
1986 為省黨部規劃食衣住行育樂系列競選廣告
1987 大智美工班講師，與東方前副總黃奇鏘合組成立黃禾廣告公司
得獎
1982 第五屆時報廣告最佳金像獎（農林廳水果系列）
1985 第八屆時報廣告雜誌項銀牌獎（省黨部圓系列）
1986 全國包裝設計食品組第一名
1989 第四屆全國設計大展第一名（歌林音樂帶系列）、行政院新聞局金鼎最佳唱片設計（歌林南管系列）

沈翔
Shyang Sheen

簡歷
1963 生於台灣屏東（湖南沅陵）
1981 振聲中學美術工藝科平面組畢業
1988 中國文化大學美術系設計組畢業
1982 金塔廣告公司
1989 祥協設計公司

吳旭東
Shiuh-Dong Wu

簡歷
1964 生於台灣台東
1982 復興商工美術工藝科畢業
1983 傑盟廣告公司設計
1987 奧美廣告公司AD（直效行銷）

林建宏
Chien-Hung Lin

簡歷
1963 生於台灣宜蘭
1981 復興商工畢業
1987 中興百貨公司
得獎
1989 時報廣告金牌獎

林春結
Jack Lin

簡歷
1946 生於台灣台東
1965 省立台東高中畢業
1969 進入台廣公司
1986 創立尚意廣告公司
得獎
1974 第一屆時報廣告電器類、食品類政府獎

袁郁華
Teresa Yuan

簡歷
1952 生於台灣台中
1973 銘傳商專(三專)商業設計科畢業
1974 清華廣告有限公司AD
1986 麥肯廣告有限公司AD
得獎
1988 時報廣告日用品類銅牌獎

陳志成
Danny chen

簡歷
1959 生於台灣桃園
1975 復興商工美術工藝科畢業
得獎
1980～89 獲時報廣告獎 50～60 座

陳岳榮
Yellow Chen

簡歷
1957 生於台北市（浙江平陽）
1975 復興商工美術工藝科畢業
1981 國際工商傳播公司美術設計
1983 上通廣告公司美術設計
1990 上通／BBDD公司執行創意

陳彥初
Charls Chen

簡歷
1962 生於台灣台南
1985 中國文化大學美術系畢業
1987 米高廣告公司
1988 爾法廣告公司
1989 博陽廣告公司

許富堯
Fu-Yao Hsu

簡歷
1962 生於台灣南投
1982 復興商工美術工藝科畢業
1982 欣欣傳播公司美術設計
1985 藝象廣告公司美術設計
1985 博報堂廣告公司美術設計
1986 清華廣告公司設計部副課長
1987 麥肯廣告公司資深設計
1988 鴻揚廣告公司AD
1988 創立正圓廣告設計坊
得獎
1982 復興商工畢業展設計組第一名、三商百貨商標徵選優勝 3 面
1989 南投名間鄉鄉徽徵選第二、三名

黃振華
Jenn-Hwa Hwang

簡歷
1958 生於台灣中壢
1978 復興商工畢業
1980 歌林傳播公司
1984 年代影視公司
1986 印刷與設計雜誌社
1987 吉廣廣告公司
1989 展望廣告公司

黃玉卿
Yuh-Ching Hwang

簡歷
1963 生於台灣台北
1982 松山商職畢業
1983 信峰實業有限公司
1990 清華廣告股份有限公司

黃志成
Jyh-Cherng Hwang

簡歷
1960 生於台灣台中
1978 大甲高中畢業
1986 運通建設公司企劃部經理
1988 貝爾國際廣告公司

楊勝雄
Jack Yang

簡歷
1961 生於台灣苗栗（福建霞浦）
1983 中國文化大學美術系設計組畢業
1986 獨身貴族服飾公司美術設計
1987 聯廣公司美術設計
1988 國家戲劇院美術設計
1990 碩石設計公司藝術指導
得獎
1982 第 10 屆北市美展第三名、第 38 屆省展第二名
1983 第 39 屆省展第三名
1990 外貿協會優良包裝設計獎

楊梨鶴
Clio Yang

簡歷
1957 生於台灣高雄
1979 淡江大學東語系畢業
1980～87 聯廣公司資深撰文指導
1987～89 華商廣告公司Group Head
1989～90 創立自由式廣告、楊梨鶴工作室、楊梨鶴廣告文案培訓班
得獎
1980～89 時報金像獎 10 餘座

楊錫廉
Seawan Yang

簡歷
1952 生於台灣宜蘭
1979 中國市政專校畢業
1977 金華廣告公司美術設計
1980 百利廣告公司設計部主任
1982 台灣廣告公司創作部AD
1987 天高廣告公司創作部AD
1989 黃禾廣告公司創作部創意指導
得獎
1988 時報廣告最佳報紙金像獎

詹朝棟
Mark Chang

簡歷
1957 生於台灣彰化
1979 輔仁大學會計系畢業
1981 台灣廣告公司創意部
1986 台灣吉而好公司協理
1988 西華廣告公司創意部經理
1990 台灣廣告公司創作二部副理
得獎
1982 聲寶商標中選及CIS策畫
1983 三商百貨商標公開甄選第一名、時報廣告銀像獎、佳作
1984 時報廣告銀像獎 2 座、佳作 1 座
1985 新聞局雙十節海外張貼海報比稿獲勝及製作、時報廣告獎佳作
1986 交通部徵選交通海報第一名
1987 世貿中心Gift Show攤位設計第一名

詹淑雯
Yuonne Jan

簡歷
1956 生於台北市
1978 輔仁大學大衆傳播系畢業
1981～87 南聲傳播公司
1987～89 李奧貝納廣告公司
1990 智慧取向有限公司
得獎
1975 時報廣告獎（震旦行人群篇）

劉雙文
Suon-Wen Liue

簡歷
1956 生於台灣花蓮
1975 復興商工美術工藝科畢業
1975～76 東方廣告公司設計
1976～77 清華廣告公司設計
1979～80 百利廣告公司主任、副理
1980～82 漢鏧建設公司企劃部襄理
1981～82 成立凹凸體畫室
1982～83 萬通廣告公司設計部經理
1984～89 成立個人工作室
1986～89 住嘉不動產廣告／企劃顧問
1990 成立非常廣告事業有限公司

得獎
1975 復興商工第一屆科展平面設計組
第一名、第一屆全國大專院校工
商業作品聯展第一名
1978 後勤司令部美展宣傳畫第一名、
全陸軍心戰傳單稿榜選第一名

劉惠蘭
Elaine Liou

簡歷
1962 生於台北市
1985 銘傳商專（三專）商業設計科畢
業
1984 流行通信雜誌社美術編輯
1985 湯臣電影公司企劃
1986 志上廣告公司美術設計
1988 上奇凱諾廣告公司助理藝術指導

得獎
1989 第12屆時報廣告獎飲料類佳作

謝恩惠
En-Huei Shieh

簡歷
1956 生於台北市
1978 國立藝專美工科應用美術組畢業
1979 特藝設計公司包裝設計
1983 裕民廣告公司
1988 國華廣告公司

得獎
1990 時報廣告食品飲料類佳作獎（統
一100%番茄汁系列稿）

王炳南
Ben Wang

簡歷
1962 生於台北市
1980 協和工商美術工藝科畢業
1980 國華廣告製作部
1984 英泰廣告公司AD
1985 國華廣告公司統一專戶
1988 成立A企劃工作室
1989 改成歐普設計有限公司

得獎
1979～80 分獲全省美展入選及佳作
1986 第九屆時報廣告佳作獎
1988 外貿協會優良包裝設計獎

王英生
Jack Y.S. Wang

簡歷
1948 生於北平市（浙江）
1971 政戰學校影劇系畢業
1980 美國弗蘭勃禮品進口公司設計
1987 上河圖有限公司美術設計
1990 成立大蒙工作室

李鉦貿
Cheng-Mao Lee

簡歷
1960 生於高雄市
1979 復興商工美術工藝科畢業
1985 國立藝專美工科應用美術組畢業
1979～80 電視綜合周刊美術組畢業
1980～81 加瑞廣告公司美術設計
1986 時報周刊美術編輯
1990 廣播月刊美術指導

李潤豐
Andrew Lee

簡歷
1962 生於台北市
1980 復興商工美術工藝科畢業
1980～82 太平洋廣告公司設計
1984 太一廣告公司設計
1984～88 聯廣公司設計指導
1988～89 BSB（達彼思）美術總監
1990 創立李潤豐創意工作室

林元泰
Lyndon Lin

簡歷
1962 生於台北市（福建林森）
1980 復興商工美術工藝科畢業

林春結
Jack Lin

簡歷
1946 生於台灣台東
1965 省立台東高中畢業
1969 進入台廣公司
1986 創立尚意廣告公司

得獎
1974 第一屆時報廣告電器類、食品類
政府獎

林龍駒
Long-jin Lin

簡歷
1966 生於台灣台北
1986 復興商工畢業
1986 山業設計公司
1988 環球廣告公司
1989 高仕公司
1990 智慧取向有限公司

殷緯
David Tuan

簡歷
1955 生於高雄市（安徽）
1971 台北市工畢業
1973 六傑印刷公司業務員
1975 立盟設計公司設計主任
1979 千秋印刷公司／羅門攝影設計公
司總經理
1982 羅邦股份有限公司董事長
1987 美國Odyssey公司形象顧問
1988 美國code-A-Phone包裝顧問
1989 利總企業／元家企業策略顧問
1990 昆盈企業形象顧問

編著
1990 融合性策略設計CI理論、形象的
心理效用

翁國鈞
On-On

簡歷
1961 生於福建金門
1979 復興商工美術工藝科畢業
1981 中國時報人間副刊美術編輯
1984～86 時報文化出版美術編輯‧美
術主編
1989 華尚事業周末雜誌美術主任
1990 成立不倒翁工作室

高尚偉
Alan Kao

簡歷
1961 生於台灣高雄（山西）
1979 復興商工美術工藝科畢業
1979 青松建設公司
1981 羅邦聯合計劃中心

陳志成
Danny Chen

簡歷
1959 生於台灣桃園
1975 復興商工美術工藝科畢業

得獎
1980～89 獲時報廣告獎50～60座

陳政芬
Sunny Chen

簡歷
1965 生於台灣基隆
1984 省立基隆商工美術設計科畢業
1984 天地設計攝影公司設計助理
1985～87 登峰廣告公司設計
1987～88 捷特廣告公司設計
1988～90 傑廣告公司設計部課長

陳政杰
Cherlie Chen

簡歷
1970 生於台灣基隆
1974 二信中學美術工藝科畢業
1978 傑廣告有限公司設計助理

陳彥初
Charls Chen

簡歷
1962 生於台灣台南
1985 中國文化大學美術系畢業
1987 米高廣告公司
1988 爾法廣告公司
1989 博陽廣告公司

陳琪媄
Genny Chern

簡歷
1955 生於台北市
1978 銘傳商專（三專）商業設計科畢
業
1979 西瀛興業股份有限公司美術設計
1980 美欣加企業有限公司美術設計
1983 天地廣告設計攝影公司美術設計
1985 知風企業有限公司美術設計

陳麗雲
Li-Yun Chern

簡歷
1965 生於台灣台北
1988 銘傳商專（三專）商業設計科畢
業
1988 高林實業公司設計課美術設計
1989 永豐餘美術設計中心設計
1989 智慧取向有限公司美術設計

陳麗鳳
Frances Chen

簡歷
1967 生於台北市
1985 士林商職廣告設計科畢業
1987 王梅圖書印刷公司
1988 羅邦聯合計劃中心

張孟吉
Tony Chang

簡歷
1967 生於台灣台中
1985 復興商工美術工藝科畢業
1987 金門八二三史館、金門經國紀念
館／工程設計

得獎
1983 省展平面設計優選
1984 扶輪社水彩比賽第二名
1985 台灣資訊月海報設計佳作

張德芳
Der-Fang Chang

簡歷
1950 生於台灣基隆（福建）
1973 中國文化學院美術系畢業
1976 中國文化學院美術系助教
1977 白宮建設公司企劃專員
1979 華威廣告公司協理
1985 黃金時代文化事業公司副理
1987 展望廣告公司總經理特別助理
1989 羅邦聯合計劃中心‧協理

得獎
1973 中國文化學院畢業美展第三名
1980～85 歷屆時報廣告金像獎建築裝
潢類金牌獎、銀牌獎

黃政坤
Willian Hwang

簡歷
1965 生於台灣基隆
1983 復興商工美術工藝科平面組畢業
1983 中視新娘世界美術編輯
1988～90 金華廣告／設計、設計指導

得獎
1982 校內科展商業設計類第三名
1983～84 分獲台北市美展平面設計類
第二名及佳作
1985 全國禁煙海報設計第二位
1986 全省美展設計類優選
1988～89 分獲全國資訊月海報首獎
1990 時報廣告獎報紙稿電器類佳作

黃素美
Su-Mei Huang

簡歷
1956 生於台灣台北
1980 銘傳商專商業設計科畢業
1980 哈佛企業管理顧問公司美術設計
1983 天將廣告公司美術設計
1986 創立巨頂攝影事業有限公司

得獎
1987 中華民國食品包裝設計展形象獎

黃嘉文
Chia Huang

簡歷
1966 生於台灣桃園
1988 實踐家政專校畢業
1988 省立台中美術館
1989 台灣電影文化城
1990 羅邦聯合計劃中心

程湘如
Daphne cherng

簡歷
1956 生於台灣台北（安徽）
1977 銘傳商專商業設計科畢業
1977 胡澤民設計事務所設計助理
1979 向陽傳播公司美術設計
1981 華之影攝影設計公司企劃、設計
1984 自組采點設計公司、89年擴大更
　　 名為頑石設計公司
1985~90 設計專文曾刊載雄獅美術，
　　 產品設計包裝、印刷與設計雜誌
1989~90 外貿協會新一代設計展評審

得獎
1983~87 分獲全國美展、全省美展、
　　 台北市美展設計類獎
1988~90 各獲外貿協會產品包裝優良
　　 設計獎
1990 外貿協會文化風格獎

曾堯生
Austen Tseng

簡歷
1956 生於台灣台南
1981 中國文化大學美術系畢業
1983 漢皇文化事業公司總編輯
1985 洛城出版社發行人
1987 伊甸殘障基金會美術顧問，自立
　　 報系設計小組美術指導

馮麗琴
Baby Ferng

簡歷
1969 生於台灣基隆
1987 二信中學美術工藝科畢業
1988 旭青資訊鵬海企劃部美工
1989 創立豔寶寶美工公司
1990 羅邦聯合計劃中心視覺規劃

蔡永亮
Jack Tsai

簡歷
1954 生於台灣台南
1980 漢光文化公司攝影設計
1980 國立台灣師範大學美術系畢業
1981 聯廣公司設計指導
1987 創立傑傑廣告有限公司

得獎
1984~87 多次獲時報廣告獎
1986 中華民國建築金柱獎

劉蕙蘭
Elaine Liou

簡歷
1962 生於台北市
1985 銘傳商專（三專）商業設計科畢業
1984 流行通信雜誌社美術編輯
1985 湯巨電影公司企劃
1986 志上廣告公司美術設計
1988 上奇凱諾廣告公司助理藝術指導
1989 博陽廣告公司藝術指導

得獎
1989 第12屆時報廣告獎飲料類佳作

羅玉林
Eileen Lo

簡歷
1962 生於台灣台北（湖南）
1982 復興商工美術工藝科畢業
1985 敦煌印刷設計中心
1986 大宇貿易有限公司
1989 眾望企業管理顧問公司、帝門藝
　　 術中心
1990 華亞廣告股份有限公司、鼎雅設
　　 計開發公司

關有仁
Eric Guan

簡歷
1963 生於台灣雲林
1985 中國文化大學美術系畢業
1987~89 聯廣設計公司
1989~90 米開蘭設計公司設計指導
1990 創立紅蟻創意工作室

丁增擢
Tzeng-Jow Ting

簡歷
1954 生於台灣高雄
1976 國立藝專美術工藝科畢業
1980 日本東京日研噴畫學校研習
1981 東京早川噴畫會社研習

王家珠
Eva Wang

簡歷
1964 生於台灣澎湖（河南汲縣）
1984 銘傳商專商業設計科畢業
1984 漢聲出版公司插畫
1988 遠流出版公司繪圖編輯

得獎
1984 洪建全兒童文學獎佳作獎
1990 台北市分類圖書巡迴展第五屆次
　　 全國得獎暨推荐圖書雜誌展覽優
　　 良圖書獎

王繼世
Jih-Shih Wang

簡歷
1966 生於台北市
1984 泰北中學美術工藝科畢業
1984 漢聲雜誌社插畫
1988 都市廣告公司設計、小牛頓雜誌
　　 專屬插畫

得獎
1984 北區職業競賽廣告設計第三名
1985 資訊月華委會海報甄選第一名

仉桂芳
Guey-Fang Jaang

簡歷
1965 生於台灣基隆（山東）
1984 復興商工美術工藝科畢業
1984 紅箭設計公司美術設計
1986 雅良貿易公司設計組組長
1987 太一廣告公司美術設計
1989 金華廣告公司美術設計

得獎
1990 圖畫集「漁港的小孩」獲第17屆
　　 洪建全兒童文學獎

李健儀
Chien-Yi Lee

簡歷
1952 生於台灣宜蘭
1978 國立藝專美術科第一名畢業
1981 第一次個展（台北阿波羅畫廊）
1983 日本總合藝術家聯展獲每日新聞
　　 社賞，應邀參加中韓美展
1985 中韓美術交流展
1986 旅居美日各大美術館研究
1987 中日交流展
1989 紐約中華藝郎邀請展，中韓美術
　　 交流展（宜蘭縣立文化中心），應
　　 邀法國高等美術學院展出，遊歷
　　 歐洲巴黎各大美術館研究
1990 應邀台北東之畫郎油畫個展

得獎
1977 藝專美術科展油畫第一名
1978 北區大專書畫展第一名、藝專美
　　 術科展第一名、第32屆省展油畫
　　 第一名、第四屆雄獅美術新人獎

編著
1986 油畫技法
1987 鉛筆技法

李漢文
Auther Lee

簡歷
1964 生於台灣台中（河北）
1983 新民商工電子科畢業
1985 漢聲雜誌社打稿組
1988 遠流出版公司兒童部

得獎
1988 信誼基金會幼兒文學圖畫書首獎

編著
1988 起床啦皇帝、女人島
1989 虎姑婆、仙奶泉
1990 賣香屁

李曙初
Shu-Chu Lee

簡歷
1964 生於台灣台北
1982 復興商工美工科平面設計組畢業
1982~84 國華廣告公司製作部設計處
1986~89 國華廣告公司企劃部AD
1990 國華廣告公司事業二部副理兼創
　　 意部Creative Group Head

唐壽南
Show-Nan Tarng

簡歷
1966 生於台灣花蓮（福建東山）
1985 復興商工畢業
1986 漢聲出版公司繪製插畫
1988 遠流出版公司繪製兒童圖畫書

何慎吾
Shin-Wn Her

簡歷
1941 生於台灣台中
1957 初商肄業
1965 興台彩色印刷公司
1967 藝園文化事業公司噴修兼助理設
　　 計與攝影
1971 成立個人噴畫工作室
1977 與羅秀吉共創廣角廣告攝影公司
1980 赴日本觀摩研習噴畫製作
1981 參加設計協會主辦之噴畫藝術展
1983 參加由國華廣告公司舉辦之第一
　　 屆中日噴畫展
1984 成立噴畫教室
1986 三月參展由國華廣告公司協辦之
　　 第二屆中日噴畫展，後結合參展
　　 人共同成立空氣刷噴畫會、並赴
　　 日本觀摩

編著
1989 噴畫技法1·2·3

林明約
Joseph Lin

簡歷
1964 生於台灣屏東
1983 復興商工美術工藝科畢業
1987 東方出版社美術編輯
1987~88 海外拓展廣告公司廣告設計
1988 太聯文化公司美術設計
1988~89 金鈺機械企劃部設計組長
1988~90 中興百貨企劃部平面設計
1990 四季攝影公司設計部、成立明約
　　 設計工作室

周一鳴
David Chou

簡歷
1959 生於台灣台中
1978 復興商工畢業
1986 國立藝專畢業

得獎
1986~87 分獲時報廣告雜誌項日用百
　　 貨類金牌獎、並獲最佳雜誌廣告
　　 金像獎
1987 美國Bozell Now雜誌評選為全球
　　 最佳作品（黛安芬100週年企業
　　 形象廣告）

柯明哲
M.J.Ko

簡歷
1946 生於台灣彰化
1963 彰化高中肄業
1963 習手繪印刷分色版及完稿
1969 自習噴畫噴修、創立個人工作室
1972~82 錦明印刷公司設計主任
1983 創汎星噴畫設計公司

翁國鈞
On-On

簡歷
1961 生於福建金門
1979 復興商工美術工藝科畢業
1981 中國時報人間副刊美術編輯
1984~86 時報文化出版公司美術編
　　 輯、美術主編
1989 華尚事業周末雜誌美術主任
1990 成立不倒翁工作室

柯鴻圖
Ansy Ko

簡歷
1950 生於台灣雲林
1973 國立藝專美工科畢業
1974 日喬啟美彩藝公司美術設計
1979 恆生傳播公司副主任
1980 華美企業大為廣告公司襄理
1984 展望廣告公司副主任
1985 正隆股份有限公司美工主管
1988 永豐餘企業美術設計中心經理
1991 永豐餘竹本堂文化公司負責人
得獎
1985～90 各獲外資協會「優良包裝設計獎」、「文化風格獎」及「最佳產品設計獎」共12件

徐明豐
Ming-Fong Shyo

簡歷
1962 生於台灣苗栗
1982 樹人高中美術工藝科畢業
1985 中華民國第二屆國際版畫雙年屆
1989 中華民國第四屆國際版畫雙年屆，於高雄石濤畫廊、台北縣立文化中心舉行現代版印年畫展
1990 日本第一屆高知國際版畫雙年屆
得獎
1985～90 文建會年畫徵選1～6屆首獎
1989 第12屆全國美展版畫部佳作
1990 第45屆省展版畫部優選

高淑美
Shwu-Meei Gau

簡歷
1959 生於台灣台中
1978 大甲高中美工設計科畢業
1978 恆興建設公司設計助理
1980 達展廣告公司設計
1982 華一書局美術設計
1983 幼華幼稚園設計組組長、綠藍設計公司AD
1986 成立高的工作室
編著
1989 快樂童年ㄅㄆㄇ、歡唱童謠

秦亞偉
Yea-Woei Chyn

簡歷
1965 生於台灣台中（江蘇）
1982 大甲高中美術工藝科畢業
1988 創立亞立噴畫設計工作室

陳岳榮
Yellow Chen

簡歷
1957 生於台北市（浙江平陽）
1975 復興商工美術工藝科畢業
1981 國際工商傳播公司美術設計
1983 上通廣告公司美術設計
1990 上通／BBDO公司執行創意

陳皆進
Jie-Jinn Chen

簡歷
1961 生於台灣台中
1983 復興商工美術工藝科畢業
1983～89 聯廣公司插畫部專任噴修

郭倖惠
Ann Guo

簡歷
1965 生於台灣台北
1984 協和工商美工科畢業
1984～86 英文漢聲出版公司插畫
1987 號角紙品公司設計
1987～88 英文漢聲出版公司插畫
1988 台視文化智慧雜誌美術編輯
1990 遠流出版公司美術編輯

許哲嘉
Che-Chia Hsu

簡歷
1961 生於台灣彰化
1985 中國文化大學美術系畢業
1986 海敦堡傳播設計有限公司設計部
1986 奧美廣告公司製作部插畫組
1988 成立個人噴畫工作室
得獎
1987 第十屆時報廣告報紙類電器項金像獎、綜合項佳作獎
1989 第12屆時報廣告雜誌食品飲料項金像獎
1990 紐約國際廣告節獲企業形象獎

許富堯
Fu-Yao Hsu

簡歷
1962 生於台灣南投
1982 復興商工美術工藝科畢業
1982 欣欣傳播公司美術設計
1985 藝象廣告公司美術設計、博報堂廣告公司美術設計
1986 清華廣告公司設計部課長
1987 麥肯廣告公司設計部副課長
1988 鴻揚廣告公司AD、創立正圓廣告設計坊
得獎
1982 復興商工畢業展設計組第一名、三商百貨商標徵選優勝3面
1989 南投名間鄉鄉徽徵選第二、三名

張正成
Rolland Chang

簡歷
1949 生於台灣南投
1972 中國文化學院美術系設計組畢業
1974 聯廣公司
1977 國華廣告藝術指導
1989 Playboy雜誌中文版藝術總監
得獎
1979 第一屆時報廣告獎最佳平面廣告設計獎
編著
1984 動物的歌、張開大嘴打哈欠、說唱童年、孩童詩篇、設計配字事典全套三冊

張富賢
Robin Jang

簡歷
1966 生於台灣花蓮
1984 復興商工美術工藝科畢業
1984 大門印刷設計公司
1987 策略廣告公司
1988 康碩廣告事業股份有限公司AAD

簡正宗
Jackson Chien

簡歷
1956 生於台北市
1974 復興商工美術工藝科畢業
1975 台北房屋設計
1979 金藝廣告公司藝術指導
1987 金家設計公司創意指導

關秀格
Shiou-Ger Chiuen

簡歷
1956 生於台灣台南
1978 國立藝專美術工藝科畢業
1978 漢聲建設公司企劃部設計
1980 敦響建設公司企劃部
1982 秋雨印刷公司設計
1984 華總企劃公司設計
1987 統領廣告公司設計

羅珠莉
Julie Lo

簡歷
1963 生於台灣宜蘭
1984 銘傳商專商業設計科畢業
1985 貿易風股份有限公司
1987 越洋傳播公司
1988 唐曦創意設計工作坊

王正欽
Jese Wang

簡歷
1957 生於台灣台中
1972 崑山工專紡織美術圖案組畢業
1979 國立藝專美術工藝科肄業
1979 白獅印刷設計公司設計
1981 東方廣告公司設計、課長、AD
1985 聯中廣告公司AD
1987 聯中廣告公司Group Head
1988 美商麥肯廣告公司AD
1989 成立傑森創意小組

王炳南
Ben Wang

簡歷
1962 生於台北市
1980 協和工商美術工藝科畢業
1980 國華廣告公司製作部
1984 英泰廣告公司AD
1985 國華廣告公司統一專戶
1988 成立A企劃工作室
1989 改成歐普設計有限公司
得獎
1979～80 分獲全省美展入選及佳作
1986 第九屆時報廣告佳作獎
1988 外貿協會優良包裝設計獎

李白峰
Tom Lee

簡歷
1962 生於台灣桃園
1981 振聲中學美術工藝科畢業
1985 展望廣告公司副理
1989 博上廣告公司創意部
得獎
1987 時報廣告日用百貨類金牌獎、交通旅遊類銀牌獎
1990 時報廣告食品飲料類佳作獎

李美娟
Ilesa Lee

簡歷
1964 生於台灣台南
1985 銘傳商專商業設計科畢業
1985 全豐印刷有限公司美術設計
1987 西華廣告公司創意部課長
1990 彩迪媒體企劃公司企劃部經理

李淑芬
Jenny Lee

簡歷
1962 生於台灣台北
1980 復興商工美術工藝科畢業
1980～82 傑盟廣告公司設計完稿、助理設計
1982～85 劍橋廣告公司製作部設計
1982～89 清華廣告公司設計課課長、創意部AAD
1989～90 華泰廣告公司包裝創意組資深包裝設計

李維德
Wei-Der Lee

簡歷
195 生於台北市
1984 復興商工美術工藝科畢業

呂啓州
Chi-Chou Lu

簡歷
1960 生於台北市
1979 台北市商廣告設計科畢業
1984 中國文化大學美術系設計組畢業
1986～90 國華廣告公司
得獎
1985 台北市美展設計類第一名
1988 外貿協會優良包裝設計獎共二項
1989～90 分獲時報廣告佳作與銅牌獎

江美華
Flora Chiang

簡歷
1957 生於台灣桃園
1978 銘傳商專商業設計科畢業
1978 向陽傳播公司設計兼完稿
1979 裕民廣告公司設計完稿
1980 南僑企業南聲傳播公司設計主管
1986 李奧貝納廣告公司藝術指導
1988 南僑皇家乳品公司產品企劃副理
1989 智慧取向廣告向公司創意總監
得獎
1987 外貿協會產品包裝優良設計獎
1987～89 各獲時報廣告金牌獎2座、銀牌獎1座、佳作獎2座

謝素娥
Amanda Shieh

簡歷
1966 生於台灣雲林
1985 省立土庫商工美術工藝科畢業
1986 廣告設計
1988～90 兒童插畫

林淑霞
Joney Lin

簡歷
1967 生於台灣宜蘭
1988 國立藝專美術工藝科畢業
1988 奇威服飾公司美術設計
1989 大越廣告公司美術設計

邱贊文
Robbie Chiu

簡歷
1967 生於台灣南投
1985 復興商工美術工藝科畢業
1987～78 禮蘭化粧品公司企劃課課長
1989 人文主流廣告公司企劃經理

郭泰坤
Andy Guo

簡歷
1964 生於台灣台南
1983 泰北中學美術工藝科畢業
1983 泰利包裝設計印刷公司設計部

洪維強
John Hong

簡歷
1963 生於台北市
1981 復興商工畢業
1981 智群攝影事業公司平面設計
1985 新光百貨平面設計
1987 正隆股份有限公司

侯彩琴
Sara Hour

簡歷
1962 生於台灣嘉義
1986 協和工商美術工藝科畢業
1980 寶強建設公司美工
1982 漢光文化事業有限公司製作部
1985 秋雨印刷公司美術設計
1988 精湛廣告公司美術設計

殷美珠
Jesjer Yin

簡歷
1966 生於台北市（江蘇鎮江）
1989 國立藝專美術工藝科畢業
1990 聯廣股份有限公司

陳玉文
Yu-Wen Chen

簡歷
1962 生於台灣宜蘭
1983 國立藝專美術工藝科畢業
1984 漢中傳播公司設計
1985 中國時報美術設計
1986～90 成立個人工作室

曾垂衛
Hino Tzeng

簡歷
1955 生於台灣宜蘭
1975 稻江家職廣告美術科畢業

陳耀程

簡歷
台灣省台南縣
1970 年國立台灣師範大學美術系畢業
1974 年太洋廣告公司設計
1975～1978 年清華廣告公司AD、製作
　　　部經理
1979 年迄今從事房地產企劃
　　設計插畫、攝影等工作
　　現任教實踐家專美工科
　　永鴻股份有限公司企劃部
　　台灣時報、聯合報、中國時報
　　插畫
　　信誼基金會小袋鼠插畫

張正成

簡歷
台灣省南投縣
1972 年中國文化學院美術系設計組畢
　　業
　　曾任職聯廣公司／國華廣告／劍橋廣
　　告

得獎
1978 第一屆時報廣告設計獎最佳平面
　　廣告設計獎
　　插畫創作"動物的歌""張開大嘴打哈
　　欠"（信誼基金會）
　　現致力於兒童讀物插畫創作與編輯設
　　計研究很想成為專業兒童讀物插
　　畫

王行恭

簡歷
遼北省安廣縣
國立藝專美工科畢業
西班牙馬德里聖費南度高級藝術學院
研究
美國紐約PRATT學院設計研究所研究
從事設計工作十四年
現任
國立故宮博物院　編輯
實踐家專美工科　兼任講師

得獎
時報廣告獎：
最佳雜誌獎廣告獎（68 年度）
雜誌廣告建築類金像獎（68 年度）
最佳雜誌廣告獎（69 年度）
雜誌廣告建築類金像獎（69 年度）
報紙廣告建築類金像獎（69 年度）
雜誌廣告食品類金像獎（70 年度）
報紙廣告食品類銀像獎（71 年度）
外貿協會優良設計食品包裝獎（70、71
　　年度）
著作：散見雄獅美術及藝術家等雜誌

黃金德

簡歷
台灣省雲林縣
復興商工美工科畢業
中國文化大學美術系西畫組畢業
畫作曾參加國內各大美展並數度獲獎
教授兒童繪畫四年
國泰建業廣告公司設計
海陸建設公司企劃部經理
名列中華民國現代名人錄
專業插畫鳥瞰景觀圖
國崗廣告公司負責人

詹朝棟
Mark Chang

簡歷
1957 生於台灣彰化
1979 輔仁大學會計系畢業
1981 台灣廣告公司創意部
1986 台灣吉而好公司協理
1988 西華廣告公司創意部經理
1990 台灣廣告公司創意二部副理

得獎
1982 聲寶商標中選及CIS策畫
1983 三商百貨徵標公開甄選第一名、
　　時報廣告銀像獎、佳作
1984 時報廣告銀像獎 2 座、佳作 1 座
1985 新聞局雙十節海名張貼海報比稿
　　獲勝及製作、時報廣告獎佳作
1986 交通部徵選交通海報第一名
1987 世貿中心Gift Show攤位設計第
　　一名

謝恩惠
En-Huei Shieh

簡歷
1956 生於台北市
1978 國立藝專美工科應用美術組畢業
1979 特藝設計公司包裝設計
1983 裕民廣告公司
1988 國華廣告公司

得獎
1990 時報廣告食品飲料類佳作獎（統
　　一 100%蕃茄汁系列稿）

張錦漳
Chin-Tsang Chang

簡歷
1959 生於台灣雲林
1978 超然美工職訓班
1979 萬國出版社助編
1981 達聯設計公司設計
1983 創立雅聯美術設計公司
1985 創立雅聯電腦照像排字公司
1988 創立雅聯噴畫藝術中心
1990 國軍文藝活動中心噴畫藝術個展
1991 台灣藝術教育館噴畫藝術個展

黃凱
Dae Hwang

簡歷
1958 生於台灣台中
1979 復興商工美術工藝科畢業
1984 成立普普工作室

黃星寰
Kevin Hwang

簡歷
1966 生於台灣新竹
1984 復興商工美術工藝科畢業
1989 康碩廣告事業股份有限公司

甯壽春
George Ning

簡歷
1957 生於台灣彰化（四川成都）
1977 聯合工專資源工程科畢業
1979～81 海山卡片公司美術設計，小
　　樹苗雜誌社美術設計
1981 超然美工職訓班噴畫結業
1982～83 台北市光復畫廊噴畫藝術
　　展，台中市立文化中心噴畫展
1983 超然美工職訓班噴畫科講師
1985～87 泰北中學美工科兼任老師，
　　大智美工技訓班噴畫科講師

龔雲鵬

簡歷
生於台灣省雲林縣
私立東方工專美術工藝科畢業
曾任清華廣告AD
現任國泰建業廣告公司AD
代表作品：
信誼基金會，吉吉與磨磨
晶音出版社，說唱童年
洪建全基金會，兒童文學之旅

蘇宗雄

簡歷
生於台灣省台南市
1968 年國立藝專美術科畢業
1971 年中國文化學院美術系畢業
1976 年東京國立藝術大學視覺研究科
　　碩士畢業
1978 年國華廣告公司平面製作處處長
1980 年國立藝專美工科講師
現任：
中國文化大學美術系副教授
檸檬黃設計公司藝術指導
檸檬黃出版公司藝術指導

劉開

簡歷
台北市人
喜愛兒童讀物插圖工作與平面設計
作品／
沙漠的一天、壞松鼠、中國智慧
薪傳②、說唱童年（童劇篇）
、金色印象等。
現任：
時報雜誌美術主編
開心糖工作室藝術指導
幼獅少年、龍龍月刊
民生報（兒童版）
新生報（兒童版）
自立晚報等特約插畫

廖哲夫

簡歷
台灣苗栗
國立藝術專科學校美術科西畫組
曾任／
清華廣告公司　副總經理
中華民國美術設計協會理事
聯合報廣告金橋獎評審
外貿協會包裝設計競賽評審
歷年設計競賽評審
台北設計家聯誼會第二任會長
現任／
楓格設計公司　負責人
統一企業公司　設計顧問
中華民國現代畫協會會員
展出及作品／
80 南聯展出
歷年設計展邀請展出
80 人體速寫個展展出聯合報萬象版，
　　副刊插畫
雄獅美術月刊CIS專欄撰著
統一企業CIS開發整系列包裝設計
廣告設計／室內設計／CIS企劃／現代
　　繪畫等之創作與督導

胡澤民

簡歷

台灣省淡水人
中國文化學院美術系設計組畢業
1973 年國際工業設計協會
日本京都年會代表
華岡學會議士
曾執教大同工學院、中國文化大學、世
　界新專、銘傳商專
現任輔仁大學理工學院織品服裝學系
　專任副教授

著作

「人物造形」、「實用人物造形」、
「插畫技法」上、下冊（正文書局專欄
「廣告設計」（雄獅美術）
「美術設計」（雄獅美術）
「插畫藝術」（藝術家）

共同執筆

「穿的學問」（圖解服飾辭典）
（輔大織品服裝學系出版）

圖畫故事

「娃娃城」
（榮獲「中華兒童叢書獎證書」）
「幻想世界」
（洪建全教育文化基金會出版）
其他論文、專文、設計作品
經常發表。

國華廣告事業（股）
Kuo Hua Advertising
Ltd.

國藝傳播（股）
China Art Advertising
Co., Ltd.

智威湯遜廣告公司
J. Walter Thompson

智慧取向（有）
Intelligence Focus Group

華威葛瑞廣告公司
Hwa Wei & Grey
Advertising Co., Ltd.

華商廣告公司
Bozell CCAA

菩羅影視（有）
Pro Film & Video
Production

奧美廣告（股）
Ogilvy & Mather

資生堂廣告（有）
Tzy Shen Tarng
Advertising Company

雄獅影視（股）
Lion CF Production

新創造影視（有）
Creative Production

達達電視電影公司
Da Da Production
Co., Ltd.

傑廣（有）
J & J Advertising
Co., Ltd.

萬橋影藝事業（有）
Wonderful Bridge
Production

領域影藝事業（有）
Domain Production
Co., Ltd.

爾法廣告（有）
Alpha Advertising
Co., Ltd.

福茂廣告製作（股）
People Production
International

漢笙（股）
Hanson Production
Co., Ltd.

精湛廣告（股）
Ginger Advertising
Agency Co., Ltd.

賓視企業（有）
Pal Film Production

聚點影視（有）
Key Point Production

聯懋文化（股）
ABBA Integrated
Marketing Communica-
tion Design Co.

懷寧錄影傳播（有）
Hwai-Ning Video
Communication Corp
Ltd.

北星圖書目錄 新形象

建築・廣告・美術・設計

事業總營・權威發行
北星信譽・值得信賴

創新突破 永不休止
「北星信譽推薦・必屬敎學好書」

新形象出版事業有限公司
永和市中正路391巷2弄8F
電話：(02) 922-9000 (代表號)
FAX：(02) 922-9041

北星圖書事業股份有限公司
永和市中正路391巷2弄8F
TEL：(02) 922-9000
FAX：(02) 922-9041
郵撥帳號：0544500-7

門市部
永和市中正路498號
電話：(02) 928-1688
FAX：(02) 928-1631

151

商業
廣告印刷設計

定價：450元

出 版 者：新形象出版事業有限公司

負 責 人：陳偉賢

地　　址：永和市永貞路163號2樓

門　　市：北星圖書事業股份有限公司

　　　　　永和市中正路498號

電　　話：9229000(代表)

Ｆ Ａ Ｘ：9229041

編 著 者：陳穎彬

發 行 人：顏義勇

總 策 劃：陳偉昭

美術設計：張呂森

美術企劃：張麗琦、林東海

總 代 理：北星圖書事業股份有限公司

地　　址：台北縣永和市永貞路163號2樓

電　　話：9229000(代表)

Ｆ Ａ Ｘ：9229041

郵　　撥：0544500-7北星圖書帳戶

印 刷 所：皇甫彩藝印刷股份有限公司

行政院新聞局出版事業登記證／局版台業字第3928號
經濟部公司執／76建三辛字第214743號

中華民國82年7月　第一版第一刷

ISBN 957-8548-23-0

國立中央圖書館出版品預行編目資料

廣告印刷設計／陳穎彬編著.－－第一版.－－
　[臺北縣]永和市：新形象，民82
　　面；　　公分
　ISBN 957-8548-23-0 (平裝)

　1.廣告－設計

　497.2　　　　　　　　　　　82003526